FORSCHUNGSBERICHTE DES LANDES NORDRHEIN-WESTFALEN

Nr. 1831

Herausgegeben im Auftrage des Ministerpräsidenten Heinz Kühn
von Staatssekretär Professor Dr. h. c. Dr. E. h. Leo Brandt

DK 624.074.4

Prof. Dr. rer. techn. Fritz Reutter
Dipl.-Math. Siegfried Stief

Institut für Geometrie und Praktische Mathematik
an der Rhein.-Westf. Techn. Hochschule Aachen

Weitere Anwendungen der Methode der LIE-Reihen, insbesondere auf Probleme der Schalentheorie

WESTDEUTSCHER VERLAG · KÖLN UND OPLADEN 1967

ISBN 978-3-663-06617-0 ISBN 978-3-663-07530-1 (eBook)
DOI 10.1007/978-3-663-07530-1
Verlags-Nr. 011831

Gesamtherstellung: Westdeutscher Verlag ·

Inhalt

Einleitung

In einem früheren Forschungsbericht [20] wurden die Ergebnisse von Untersuchungen über die numerische Behandlung von Anfangswertproblemen gewöhnlicher Differentialgleichungssysteme mit Hilfe von LIE-Reihen mitgeteilt (vgl. hierzu auch [13] bis [16])*. Doch erweist sich die LIE-Reihen-Methode auch für eine ganze Reihe anderer Probleme aus verschiedenen Gebieten der Mathematik als ein mitunter recht nützliches Hilfsmittel. Hierher gehört zunächst ihre Anwendung zur numerischen Behandlung von Randwertproblemen gewöhnlicher Differentialgleichungen [7], [24].

Da sich Systeme partieller Differentialgleichungen mit Hilfe der Gleichungen ihrer Charakteristiken auf gewöhnliche Differentialgleichungssysteme zurückführen lassen, bietet sich schon auf diesem Wege eine Anwendung der Methode zur Behandlung von Anfangswertproblemen bei partiellen Differentialgleichungen an [8].

Der vorliegende Bericht befaßt sich mit zwei Anwendungen der LIE-Reihen-Methode auf zwei voneinander unabhängige Problemkreise. Zunächst wird im 1. Teil eine Anwendung der Methode zur unmittelbaren Behandlung von Randwertproblemen bei gewissen linearen partiellen Differentialgleichungen dargelegt.

Die Entwicklung des Verfahrens und seine numerische Erprobung erfolgt am Beispiel der Grundgleichungen der Schalentheorie. Sodann wird im 2. Teil auf Grund der schon von W. GRÖBNER [8] gegebenen Anwendung der LIE-Reihen zur Inversion von Funktionensystemen ein numerisches Verfahren zur Auflösung beliebiger (nichtlinearer) Gleichungssysteme aufgezeigt.

Die im 1. Teil benötigten Annahmen und Gleichungen der Schalentheorie werden zuvor kurz entwickelt (vgl. auch [17], [21]).

1. Behandlung spezieller Probleme bei linearen partiellen Differentialgleichungen, dargelegt an Problemen aus der Schalentheorie

1.1 Randwertprobleme der Schalentheorie

1.1.1 Annahmen der technischen Schalentheorie

Die lineare Schalentheorie befaßt sich mit den Spannungen und Verformungen dünner Schalen, deren Material dem HOOKEschen Elastizitätsgesetz gehorcht.

* Die in [ ] Klammer gesetzten Ziffern beziehen sich auf das Literaturverzeichnis am Ende des Berichtes.

Dabei soll unter dem Ausdruck »dünn« verstanden werden, daß das Verhältnis λ der konstanten Schalendicke t und der kleinsten anderen Abmessung L der Schale (z. B. dem kleinsten Krümmungsradius) klein gegen 1 ist. Ferner werden die Verschiebungen der Schalenpunkte als klein gegen t vorausgesetzt, so daß die Gleichgewichtsbedingungen für das unverformte Element aufgestellt werden können.

Des weiteren werden folgende Annahmen gemacht:

1. Alle Größen der Ordnung λ werden gegenüber 1 vernachlässigt.
2. Die Gleichgewichtsbedingungen werden gleichsam nur im Mittel erfüllt, d. h. mit den Schnittkräften und Momenten angesetzt, die durch Integration über die Schalendicke ermittelt werden.
3. Die Normalspannung τ^{33} in den Schnitten parallel zur Schalenmittelfläche lassen sich gegenüber den Spannungen $\tau^{\alpha\beta}(\alpha, \beta = 1, 2)$ vernachlässigen.
4. Es soll die »Normalenhypothese« gelten, die besagt, daß alle Punkte, welche vor der Verformung auf einer Normalen der unverformten Mittelfläche liegen, nach der Verformung auf einer Normalen der verformten Mittelfläche liegen.

Diese Annahmen kennzeichnen die technische Schalentheorie im engeren Sinne.[1]

Für die weiteren Überlegungen soll die Tensorrechnung in der von Ricci angegebenen Form Verwendung finden. Treten griechische Buchstaben als Indizes auf, so läuft der Index bis 2, anderenfalls bis 3. Nach der Einsteinschen Summenkonvention wird über jeden gleichzeitig hoch- und tiefgestellten Index summiert.

1.1.2 Geometrie der Schale

Auf einer Schalenmittelfläche bezeichne u^1, u^2 ein Koordinatennetz, u^3 sei der Abstand eines Schalenpunktes von der Mittelfläche. Ist

$$L\mathfrak{r}(u^1, u^2) = x(u^1, u^2)\,\mathfrak{e}_1 + y(u^1, u^2)\,\mathfrak{e}_2 + z(u^1, u^2)\,\mathfrak{e}_3 \qquad (1.12.1)$$

der Ortsvektor eines beliebigen Punktes der Schalenmittelfläche, so läßt sich der Ortsvektor für jeden Schalenpunkt P in der folgenden Form darstellen (vgl. Abb. 1)

$$\mathfrak{R} = L\mathfrak{r}(u^1, u^2) + u^3\mathfrak{N}(u^1, u^2)\,. \qquad (2)^2$$

Dabei ist L die bereits erwähnte charakteristische Vergleichslänge und $\mathfrak{N}(u^1, u^2)$ bezeichnet den Normaleneinheitsvektor im Punkte $L\mathfrak{r}$ der Schalenmittelfläche.

[1] Heuck, K., hat in [12] auf Inkonsequenzen dieser Linearisierung hingewiesen und eine technische Schalentheorie abgeleitet, die in den Anfangsgliedern mit der von Zerna [25] abgeleiteten übereinstimmt und zusätzlich zu den Hypothesen der linearen dreidimensionalen Elastizitätstheorie auf sechs Annahmen beruht.

[2] Die Gleichungen sind künftig innerhalb der Unterabschnitte durchnumeriert. Innerhalb des Unterabschnitts werden sie mit der einfachen Nummer (z. B. (2)), in anderen Unterabschnitten mit Unterabschnittsnummer und Gleichungsnummer (z. B. Abschnitt 1.1.2, Gl. (2)) zitiert.

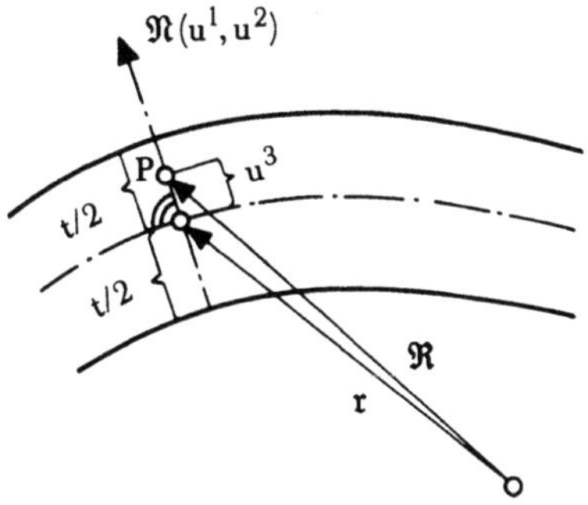

Abb. 1

Der Parameter u^3 durchläuft den Bereich

$$-\frac{t}{2} \leqq u^3 \leqq \frac{t}{2},$$

wenn t die Schalendicke bedeutet.

Es ist zweckmäßig, durch Division mit der Schalendicke t dimensionslose Koordinaten $\Theta^i = \dfrac{u^i}{t}$ einzuführen. Der Ortsvektor eines beliebigen Schalenpunktes lautet dann

$$\mathfrak{R} = L[\mathfrak{r}(\Theta^1, \Theta^2) + \lambda\Theta^3\mathfrak{N}]. \tag{3}$$

Die Metrik der Schalenmittelfläche wird durch folgende Größen beschrieben:

Kovarianter metrischer Tensor[3]:

$$a_{\alpha\beta} = a_{\beta\alpha} = \mathfrak{r}_{,\alpha} \cdot \mathfrak{r}_{,\beta},$$

dabei sind $\mathfrak{r}_{,\alpha}$ und $\mathfrak{r}_{,\beta}$ die kovarianten Basisvektoren $\mathfrak{a}_\alpha$, $\mathfrak{a}_\beta$.

Kontravarianter metrischer Tensor:

$$a^{\alpha\beta} = a^{\beta\alpha} = (-1)^{\alpha+\beta} \frac{a_{\gamma\delta}}{a} \; (\alpha \neq \gamma, \beta \neq \delta)$$

mit

$$a = \det(a_{\alpha\beta}).$$

Die kontravarianten Basisvektoren lauten:

$$\mathfrak{a}^\alpha = a^{\alpha\beta}\mathfrak{a}_\beta.$$

Unter Verwendung des Kronecker-Symbols

$$\delta^\alpha_\beta = \begin{cases} 1 & \text{für } \alpha = \beta \\ 0 & \text{für } \alpha \neq \beta \end{cases}$$

und des ε-Tensors:

$$\varepsilon^{\alpha\beta} = \begin{pmatrix} 0 & \sqrt{a}^{\,-1} \\ -\sqrt{a}^{\,-1} & 0 \end{pmatrix}, \quad \varepsilon_{\alpha\beta} = \begin{pmatrix} 0 & \sqrt{a} \\ -\sqrt{a} & 0 \end{pmatrix}$$

[3] Kommata bezeichnen hier partielle Ableitungen nach den betreffenden Koordinaten.

lassen sich folgende Beziehungen ausschreiben:

$$a^{\alpha\varrho} a_{\varrho\beta} = \delta^{\alpha}_{\beta},$$

$$\begin{aligned}
a^{\alpha\beta} &= \varepsilon^{\alpha\lambda}\varepsilon^{\beta\mu} a_{\lambda\mu} & a_{\alpha\beta} &= \varepsilon_{\alpha\lambda}\varepsilon_{\beta\mu} a^{\lambda\mu} \\
\varepsilon^{\alpha\beta} &= a^{\alpha\lambda} a^{\beta\mu} \varepsilon_{\lambda\mu} & \varepsilon_{\alpha\beta} &= a_{\alpha\lambda} a_{\beta\mu} \varepsilon^{\lambda\mu} \\
\mathfrak{a}^{\alpha} &= a^{\alpha\beta}\mathfrak{a}_{\beta} & \mathfrak{a}_{\alpha} &= a_{\alpha\beta}\mathfrak{a}^{\beta} \\
\mathfrak{a}^{\alpha}\mathfrak{a}^{\beta} &= a^{\alpha\beta} & \mathfrak{a}_{\alpha}\mathfrak{a}_{\beta} &= a_{\alpha\beta} \\
\mathfrak{a}^{\alpha} \times \mathfrak{a}^{\beta} &= \varepsilon^{\alpha\beta}\mathfrak{N} & \mathfrak{a}_{\alpha} \times \mathfrak{a}_{\beta} &= a_{\alpha\beta}\mathfrak{N} \\
\mathfrak{N} \times \mathfrak{a}^{\alpha} &= \varepsilon^{\alpha\beta}\mathfrak{a}_{\beta} & \mathfrak{N} \times \mathfrak{a}_{\alpha} &= \varepsilon_{\alpha\beta}\mathfrak{a}^{\beta} \\
[\mathfrak{a}^{\alpha}\mathfrak{a}^{\beta}\mathfrak{N}] &= \varepsilon^{\alpha\beta} & [\mathfrak{a}_{\alpha}\mathfrak{a}_{\beta}\mathfrak{N}] &= \varepsilon_{\alpha\beta}
\end{aligned}$$

Die Krümmung der Schalenmittelfläche wird durch die zweite Grundform bestimmt:

Kovarianter Krümmungstensor:

$$b_{\alpha\beta} = b_{\beta\alpha} = \sqrt{a}^{\,-1}\,[\mathfrak{a}_1\mathfrak{a}_2\mathfrak{a}_{\alpha,\beta}] = \mathfrak{N}\mathfrak{a}_{\alpha,\beta}$$

Gemischter ko- und kontravarianter Krümmungstensor:

$$b^{\alpha}_{\beta} = a^{\alpha\varrho} b_{\varrho\beta}.$$

Für die mittlere und die Gaussssche Krümmung gilt:

$$H = \frac{1}{2}\, b^{\alpha}_{\alpha} \qquad\qquad K = \frac{1}{a}\,\det(b_{\alpha\beta}).$$

Aus [6], [17] und [21] ist bekannt, welche Bedeutung der kovariante Krümmungstensor für eine Vereinfachung der Gleichgewichtsbedingungen hat. Bei Verwendung von konjugiert-isometrischen Parametern besitzen die Elemente der zweiten Grundform die folgende Eigenschaft

$$b_{11} = \varepsilon^2 b_{22} = \bar{b},\; b_{12} = 0,\; \varepsilon^2 = \begin{cases} -1 \text{ für } K > 0 \\ +1 \text{ für } K < 0 \end{cases}, \tag{4}$$

und die Systeme partieller Differentialgleichungen, welche aus den Gleichgewichtsbedingungen abgeleitet werden, lassen sich als je eine komplexe Differentialgleichung schreiben und für einige Belastungsfälle und Flächentypen auch leicht lösen.

Wegen der oft verwendeten kovarianten Ableitungen beliebiger Tensoren werden die Christoffel-Symbole benötigt:

Christoffel-Symbole 1. Art:

$$\Gamma_{\alpha\beta\gamma} = \frac{1}{2}\,(a_{\alpha\gamma,\beta} + a_{\beta\gamma,\alpha} - a_{\alpha\beta,\gamma})$$

Christoffel-Symbole 2. Art:

$$\Gamma^{\alpha}_{\beta\gamma} = a^{\alpha\varrho}\,\Gamma_{\beta\gamma\varrho}.$$

Für die Ableitung von Vektoren $\mathfrak{v}$, die auf kovariante bzw. kontravariante Basisvektoren bezogen sind,

$$\mathfrak{v} = v^\alpha \mathfrak{a}_\alpha + v_3 \mathfrak{N} = v_\alpha \mathfrak{a}^\alpha + v_3 \mathfrak{N} ,$$

gilt:

$$\mathfrak{v}_{,\beta} = (v_{\alpha|\beta} - b_{\beta\alpha} v_3)\, \mathfrak{a}^\alpha + (v_{3,\beta} + b^\alpha_\beta v_\alpha)\, \mathfrak{N}$$

$$= (v^\alpha|_\beta - b^\alpha_\beta v_3)\, \mathfrak{a}_\alpha + (v_{3,\beta} + b_{\alpha\beta} v^\alpha)\, \mathfrak{N} \tag{5}$$

1.1.3 Die Gleichgewichtsbedingungen und der Verformungszustand – Die Randbedingungen

Mit Hilfe der in (Abschnitt 1.1.1) genannten Annahmen lassen sich die Gleichgewichtsbedingungen der linearen Schalentheorie ableiten. Eine besonders ausführliche Ableitung ist in [7] und [23] angegeben. In diesem Abschnitt sollen nur die Ergebnisse zusammengefaßt und die Definitionen erläutert werden.
Es mögen τ^{ik} $(i, k = 1, 2)$ bzw. τ^{i3} die Komponenten des Spannungstensors sein, welche in der Mittelfläche bzw. in Richtung der Flächennormalen wirken. Mit ihrer Hilfe werden die symmetrischen Flächentensoren $n^{\alpha\beta}$ und $m^{\alpha\beta}$ und der Flächenvektor q^α (»Schnittfunktionen«) definiert:

Längskrafttensor:

$$n^{\alpha\beta} = \int_{-\frac{1}{2}}^{\frac{1}{2}} \tau^{\alpha\beta} Z \, d\Theta^3$$

Momententensor:

$$m^{\alpha\beta} = \lambda \int_{-\frac{1}{2}}^{\frac{1}{2}} \Theta^3 \tau^{\alpha\beta} Z \, d\Theta^3$$

Querkrafttensor:

$$q^\alpha = \lambda \int_{-\frac{1}{2}}^{\frac{1}{2}} \tau^{\alpha 3} Z \, d\Theta^3 .$$

Dabei bedeutet Z die Invariante

$$Z = \sqrt{\frac{\det (a_{\alpha\beta})}{\det (A_{ik})}} = [1 - 2\,\lambda \Theta^3 H + (\lambda \Theta^3)^2 K] .$$

Die Größen a_{ik} bilden den Maßtensor der Schalenmittelfläche, A_{ik} ist der Maßtensor der (dreidimensionalen) Schale.
An Hand eines Bildes des Schalenelementes (vgl. Abb. 2) erkennt man leicht die Richtungen der einzelnen Komponenten. Auch die Ableitung der Gleichgewichtsbedingungen kann veranschaulicht werden: Überträgt man nämlich alle Kräfte und Momente nach der Übertragungsvorschrift des absoluten Parallelismus längs der Kurven $\Theta^1 = \text{const}$ und $\Theta^2 = \text{const}$ in den Punkt $P(\Theta^1, \Theta^2)$ und bildet die Resultierende, so muß diese der Resultierenden der äußeren Kräfte und Momente das Gleichgewicht halten ([19], [26]).

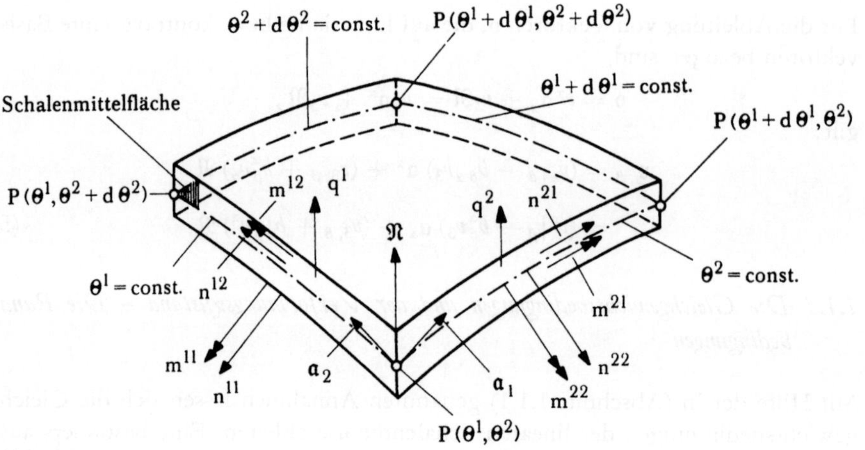

Abb. 2

Bezeichnet $\mathfrak{P}$ die Belastung der Fläche, so stellt diese sich im Koordinatensystem $\mathfrak{a}_1, \mathfrak{a}_2, \mathfrak{N}$ dar als

$$\mathfrak{P} = (P_1 \mathfrak{e}_1 + P_2 \mathfrak{e}_2 + P_3 \mathfrak{e}_3) = p^i \mathfrak{a}_i$$

(falls $\mathfrak{a}_3 = \mathfrak{N}$ gesetzt wird).

Für eine konstante Normaldruckbelastung p gilt beispielsweise $p^1 = p^2 = 0$, $p^3 = -pL$. Bezeichnet man die vektoriellen Schnittkräfte und -momente, die auf eine Längeneinheit des Schnittes $\Theta^\alpha = \text{const}$ bezogen sind mit $\mathfrak{n}_\alpha$ und $L\mathfrak{m}_\alpha$, so gilt

$$\mathfrak{n}_\alpha \sqrt{a^{\alpha\alpha}} = \mathfrak{n}^{\alpha\beta} \mathfrak{a}_\beta + q^\alpha \mathfrak{a}_3$$

$$\mathfrak{m}_\alpha \sqrt{a^{\alpha\alpha}} = \mathfrak{m}^{\alpha\beta} \mathfrak{a}_3 \times \mathfrak{a}_\beta .$$

Bei einer Zerlegung in Richtung der Einheitsvektoren der kovarianten bzw. kontravarianten Basisvektoren $\overset{(0)}{\mathfrak{a}}_\alpha$ bzw. $\overset{(0)}{\mathfrak{a}}{}^\alpha$

$$\mathfrak{n}_\alpha = n_{(\alpha\beta)} \overset{(0)}{\mathfrak{a}}_\beta + q_{(\alpha)} \mathfrak{a}_3$$

$$L\mathfrak{m}_\alpha = m_{(\alpha 1)} \overset{(0)}{\mathfrak{a}}{}^2 + m_{(\alpha 2)} \overset{(0)}{\mathfrak{a}}{}^1$$

$$\mathfrak{P} = p_{(\alpha)} \overset{(0)}{\mathfrak{a}}_\alpha + p^3 \mathfrak{a}_3$$

erhält man Koeffizienten, die keine Tensoren bilden, sie werden als »physikalische« Schnittkräfte, -momente und Lasten definiert:

$$n_{(\alpha\beta)} = \sqrt{\frac{a_{\beta\beta}}{a^{\alpha\alpha}}}\, n^{\alpha\beta} \qquad q_{(\alpha)} = \frac{1}{\sqrt{a^{\alpha\alpha}}}\, q^\alpha \tag{1a}$$

$$m_{(\alpha\alpha)} = L(-1)^{\alpha+1} \sqrt{\frac{a_{\alpha\alpha}}{a^{\alpha\alpha}}}\, m^{\alpha\alpha} \qquad m_{(\alpha\beta)} = L(-1)^\alpha \sqrt{a}\, m^{\alpha\beta} \qquad (\text{für } \alpha \neq \beta)$$

$$p_{(\alpha)} = \frac{a_{\alpha\alpha}}{L} p^\alpha \qquad p_{(3)} = \frac{1}{L} p^3 .$$

Die allgemeinen Gleichgewichtsbedingungen für Kräfte und Momente haben die Form eines Systems von sechs gekoppelten partiellen Differentialgleichungen, wobei jedoch die letzte dieser Gleichungen wegen der Symmetrie des Spannungstensors identisch erfüllt ist:

$$\begin{aligned} n^{\alpha\beta}|_\alpha - b^\beta_\alpha q^\alpha + p^\beta &= 0 \\ n^{\alpha\beta} b_{\alpha\beta} + q^\alpha|_\alpha + p^3 &= 0 \\ m^{\alpha\beta}|_\alpha - q^\beta &= 0 \\ \varepsilon_{\alpha\beta}(n^{\alpha\beta} - b^\alpha_\varrho n^{\varrho\beta}) &= 0\,. \end{aligned} \tag{1}$$

Der Verschiebungszustand der Fläche wird durch den Verschiebungsvektor der Flächenpunkte gekennzeichnet:

$$\mathfrak{V} = L\mathfrak{v} + u^3\mathfrak{w} = L(\mathfrak{v} + \lambda\Theta^3\mathfrak{w})$$

mit $\mathfrak{v} = v_\alpha \mathfrak{a}^\alpha + w\,\mathfrak{a}_3$

und $\mathfrak{w} = w_\alpha \mathfrak{a}^\alpha\,.$

Mit Hilfe der KIRCHHOFF-LOVEschen Hypothese läßt sich dann der Verzerrungstensor $\gamma_{\alpha\beta}$ in Abhängigkeit von den Verschiebungsgrößen in folgender Weise ausdrücken

$$\begin{aligned} \gamma_{\alpha\beta} &= L^2(\alpha_{\alpha\beta} + \lambda\Theta^3\omega_{\alpha\beta}) \\ \gamma_{\alpha 3} &= 0\,, \end{aligned} \tag{2}$$

wobei

$$\alpha_{\alpha\beta} = \frac{1}{2}(v_{\alpha|\beta} + v_{\beta|\alpha} - 2\,b_{\alpha\beta}w)\,,$$

$$w_{\alpha\beta} = -\frac{1}{2}[2\,w_{|\alpha\beta} + (b^\varrho_\alpha v_\varrho)_{|\beta} + (b^\varrho_\beta v_\varrho)_{|\alpha}]\,.$$

Aus dem HOOKEschen Gesetz läßt sich unter den Annahmen in (Abschnitt 1.1.1) ein Elastizitätsgesetz der Schalen in der Form

$$\begin{aligned} n^{\alpha\beta} &= D H^{\alpha\beta\gamma\delta}\alpha_{\gamma\delta} \\ m^{\alpha\beta} &= B H^{\alpha\beta\gamma\delta}\omega_{\gamma\delta} \end{aligned} \tag{3}$$

gewinnen.

Hierin bezeichnen E den Elastizitätsmodul, η die Querkontraktionszahl, D und B, $H^{\alpha\beta\gamma\delta}$ und $H^*_{\alpha\beta\gamma\delta}$ sind Abkürzungen für

$$B = \frac{E\lambda L}{1-\eta^2}\,,\quad D = \frac{\lambda^2}{12}B$$

$$H^{\alpha\beta\gamma\delta} = \frac{1}{2}[a^{\alpha\gamma}a^{\beta\delta} + a^{\alpha\delta}a^{\beta\gamma} + \eta(\varepsilon^{\alpha\gamma}\varepsilon^{\beta\delta} + \varepsilon^{\alpha\delta}\varepsilon^{\beta\gamma})]$$

$$H^*_{\alpha\beta\gamma\delta} = \frac{1}{2}[a_{\alpha\gamma}a_{\beta\delta} + a_{\alpha\delta}a_{\beta\gamma} - \eta(\varepsilon_{\alpha\gamma}\varepsilon_{\beta\delta} + \varepsilon_{\alpha\delta}\varepsilon_{\beta\gamma})]\,.$$

Abschließend sollen noch die drei am häufigsten vorkommenden Randbedingungen in dem hier verwendeten Kalkül formuliert werden. Zu diesem Zwecke (vgl. Abb. 3) denke man sich in einem Randpunkt ein Rechtssystem $\mathfrak{u}$, $\mathfrak{t}$, $\mathfrak{a}_3$ mit der Eigenschaft

$$\mathfrak{t} \times \mathfrak{a}_3 = \mathfrak{u} \text{ und } \mathfrak{t} = \mathfrak{a}_3 \times \mathfrak{u}\,.$$

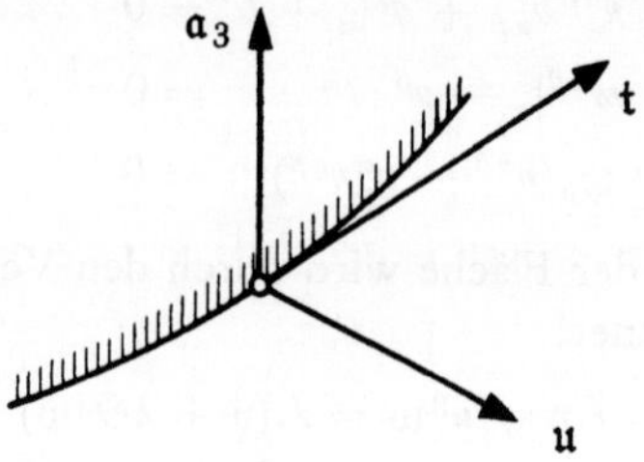

Abb. 3

Bezüglich des örtlichen Koordinantendreibeins (d. h. bezüglich der Basisvektoren $\mathfrak{a}^\alpha$, $\mathfrak{a}_\alpha$) gelte folgende Darstellung:

$$\mathfrak{u} = u_\alpha \mathfrak{a}^\alpha = u^\alpha \mathfrak{a}_\alpha$$

$$\mathfrak{t} = t_\alpha \mathfrak{a}^\alpha = t^\alpha \mathfrak{a}_\alpha\,.$$

Dann ist

$$t_\alpha = \varepsilon_{\beta\alpha} u^\beta,\; t^\alpha = \varepsilon^{\beta\alpha} u_\beta,\; u_\alpha = \varepsilon_{\alpha\beta} t^\beta,\; u^\alpha = \varepsilon^{\alpha\beta} t_\beta\,.$$

Die Randkurve soll in Abhängigkeit von der Bogenlänge bekannt sein: $\Theta^\alpha = \Theta^\alpha(s)$, so daß

$$t^\alpha = L \frac{d\Theta^\alpha}{ds}$$

gilt. Die Randkräfte und Randmomente werden auf die Längeneinheit der Randkurve bezogen:

$$\mathfrak{n} = n^\alpha \mathfrak{a}_\alpha + n \mathfrak{a}_3$$

$$L\mathfrak{m} = G \cdot \mathfrak{t} + H\mathfrak{u}$$

mit

$$n^\alpha = n^{\alpha\beta} u_\beta,\; n = q^\alpha u_\alpha$$

$$G = L m^{\alpha\beta} u_\alpha u_\beta,\; H = L \varepsilon_{\alpha\beta} m^{\gamma\alpha} u_\gamma u^\beta\,.$$

Die drei in den Anwendungen am meisten auftretenden Stützungsarten führen nun auf die Bedingungen:

1. Eingespannter Rand $v_\alpha = 0,\; w = 0,\; \frac{\partial w}{\partial n} = 0$ [4] (4)

2. Frei aufgelagerter Rand: $G = 0,\; n^\alpha u_\alpha = 0,\; v_\alpha t^\alpha = 0,\; w = 0$ (5)

3. Freier Rand: $n^\alpha = 0,\; n = \frac{\partial H}{\partial s},\; G = 0$ (6)

[4] Gemeint ist die Ableitung in Richtung — $\mathfrak{u}$.

1.1.4 Zurückführung der Lösung der Differentialgleichungen für Schnittfunktionen und Verschiebungen über ein Iterationsverfahren auf die Behandlung eines einzigen Systems linearer partieller Differentialgleichungen zweiter Ordnung

Die allgemeinen Gleichgewichtsbedingungen (Abschnitt 1.1.3, Gl. (1)) lassen sich auf folgende Weise umformen:

$$n^{\alpha\beta}|_{\alpha} = -p^{\beta} + b^{\beta}_{\alpha} q^{\alpha} \quad [5] \tag{1}$$

$$n^{\alpha\beta} b_{\alpha\beta} = -p^{3} - q^{\alpha}|_{\alpha} \tag{2}$$

$$q^{\alpha} = m^{\beta\alpha}|_{\beta} . \tag{3}$$

Es handelt sich um ein System von sechs Differentialgleichungen für zehn unbekannte Funktionen. Die danach noch fehlenden Gleichungen zur Bestimmung der unbekannten Funktionen liefert das allgemeine Elastizitätsgesetz (Abschnitt 1.1.3, Gl. (3)). Es läßt sich in zwei verschiedenen Formen angeben:

$$\begin{aligned} n^{\alpha\beta} &= D H^{\alpha\beta\gamma\delta} \alpha_{\gamma\delta} \\ m^{\alpha\beta} &= \left(\frac{\lambda}{\sqrt{12}}\right)^{2} D H^{\alpha\beta\gamma\delta} \omega_{\gamma\delta} \end{aligned} \tag{4}$$

$$\begin{aligned} \alpha_{\alpha\beta} &= \frac{1}{E\lambda L} H^{*}_{\alpha\beta\gamma\delta} n^{\gamma\delta} \\ \omega_{\alpha\beta} &= \frac{1}{E\lambda L} \left(\frac{\sqrt{12}}{\lambda}\right)^{2} H^{*}_{\alpha\beta\gamma\delta} m^{\gamma\delta} . \end{aligned} \tag{5}$$

Dabei gilt:

$$\begin{aligned} \alpha_{\alpha\beta} &= \frac{1}{2} (v_{\alpha|\beta} + v_{\beta|\alpha} - 2\, b_{\alpha\beta} w) \\ \omega_{\alpha\beta} &= -\frac{1}{2} [2\, w_{|\alpha\beta} + (b^{\gamma}_{\alpha} v_{\gamma})_{|\beta} + (b^{\gamma}_{\beta} v_{\gamma})_{|\alpha}] . \end{aligned} \tag{6}$$

Aus den letzten beiden Beziehungen geht hervor, daß die Funktionen $\alpha_{\alpha\beta}$ und $\omega_{\alpha\beta}$ von der gleichen Größenordnung sind, falls die Größenordnung durch die kovariante Ableitung nicht geändert wird. Aus den Beziehungen (4) läßt sich dann aber entnehmen, daß sich die Größenordnung von $m^{\alpha\beta}$ und $n^{\alpha\beta}$ um den Faktor $\left(\frac{\lambda}{\sqrt{12}}\right)^{2}$ unterscheidet. Weil λ klein gegen 1 vorausgesetzt wurde, sind die Momente sehr viel kleiner als die Schnittkräfte. Beachtet man noch (3), so kann man das Gleichgewichtssystem (1), (2) und (3) in erster Näherung schreiben als

$$\begin{aligned} n^{\alpha\beta}|_{\alpha} &= -p^{\beta} \\ n^{\alpha\beta} b_{\alpha\beta} &= -p^{3} . \end{aligned}$$

[5] Das Verfahren ist auch in [11] ausführlich geschildert.

Dieses System ist genau jenes, was VEKUA [23] als dasjenige des momentenfreien Spannungszustandes bezeichnet. Diese Theorie erster Ordnung ist als Membrantheorie bekannt.

Werden die Lösungen des Differentialgleichungssystems nach Potenzen eines kleinen Parameters entwickelt, so läßt sich ein iteratives Verfahren zur Bestimmung der Schnittkräfte und -momente für den allgemeinen (nicht momentenfreien) Spannungszustand ableiten. Als Störungsparameter wird

$$\mu = \frac{\lambda}{\sqrt{12}}$$

verwendet. Man kann annehmen, daß die Methode für hinreichend kleine Werte von μ gute Ergebnisse liefert. Das Verfahren wird dabei solange durchgeführt, bis $\alpha_{\alpha\beta}$ und $\omega_{\alpha\beta}$ nicht mehr die gleiche Größenordnung haben. Es werden folgende Größen nach Potenzen von μ^2 entwickelt:

$$\begin{aligned} n^{\alpha\beta} &= \overset{(0)}{n}{}^{\alpha\beta} + \mu^2 \overset{(1)}{n}{}^{\alpha\beta} + \mu^4 \overset{(2)}{n}{}^{\alpha\beta} + \cdots \\ m^{\alpha\beta} &= \mu^2 \overset{(0)}{m}{}^{\alpha\beta} + \mu^4 \overset{(1)}{m}{}^{\alpha\beta} + \mu^6 \overset{(2)}{m}{}^{\alpha\beta} + \cdots \\ q^{\alpha} &= \mu^2 \overset{(0)}{q}{}^{\alpha} + \mu^4 \overset{(1)}{q}{}^{\alpha} + \mu^6 \overset{(2)}{q}{}^{\alpha} + \cdots \end{aligned} \tag{7}$$

$$\begin{aligned} v_{\alpha} &= \overset{(0)}{v}_{\alpha} + \mu^2 \overset{(1)}{v}_{\alpha} + \mu^4 \overset{(2)}{v}_{\alpha} + \cdots \\ w &= \overset{(0)}{w} + \mu^2 \overset{(1)}{w} + \mu^4 \overset{(2)}{w} + \cdots \\ \alpha_{\alpha\beta} &= \overset{(0)}{\alpha}_{\alpha\beta} + \mu^2 \overset{(1)}{\alpha}_{\alpha\beta} + \mu^4 \overset{(2)}{\alpha}_{\alpha\beta} + \cdots \\ \omega_{\alpha\beta} &= \overset{(0)}{\omega}_{\alpha\beta} + \mu^2 \overset{(1)}{\omega}_{\alpha\beta} + \mu^4 \overset{(2)}{\omega}_{\alpha\beta} + \cdots \end{aligned} \tag{8}$$

Setzt man (7), (8), (3), (2), (5) und (6) ein und führt einen Koeffizientenvergleich aller mit μ^{2k} behafteten Glieder durch, so erhält man für jeden Wert k ($k = 0, 1, 2, \ldots$) je ein System von Differentialgleichungen für $n^{\alpha\beta}$ und für v_α und Beziehungen, aus denen sich bei bekannten Lösungen der Differentialgleichungen die anderen Schnittgrößen berechnen lassen. Alle diese Systeme sind vom gleichen charakteristischen Typ.

Für $k = 0$ gilt dann:

$$\overset{(0)}{n}{}^{\alpha\beta}|_{\alpha} = -p^{\beta} \tag{9}$$

$$\overset{(0)}{n}{}^{\alpha\beta} b_{\alpha\beta} = -p^3 \tag{10}$$

$$\frac{1}{2}\,[\overset{(0)}{v}_{\alpha|\beta} + \overset{(0)}{v}_{\beta|\alpha} - 2\, b_{\alpha\beta} \overset{(0)}{w}] = \frac{1}{E\lambda L} H^{*}_{\alpha\beta\gamma\delta} \overset{(0)}{n}{}^{\gamma\delta} \tag{11}$$

$$\overset{(0)}{\omega}_{\alpha\beta} = -\frac{1}{2}\,[\overset{(0)}{w}_{|\alpha\beta} + (b^{\varrho}_{\alpha} \overset{(0)}{v}_{\varrho})_{|\beta} + (b^{\varrho}_{\beta} \overset{(0)}{v}_{\varrho})_{|\alpha}] \tag{12}$$

$$\overset{(0)}{m}{}^{\alpha\beta} = D H^{\alpha\beta\gamma\delta} \overset{(0)}{\omega}_{\gamma\delta} \tag{13}$$

$$\overset{(0)}{q}{}^{\alpha} = \overset{(0)}{m}{}^{\beta\alpha}|_{\beta}, \tag{14}$$

für alle anderen Werte von k gilt:

$$\overset{(k)}{n}{}^{\alpha\beta}|_{\alpha} = b^{\beta}_{\alpha} \overset{(k-1)}{q}{}^{\alpha} \tag{15}$$

$$\overset{(k)}{n}{}^{\alpha\beta} b_{\alpha\beta} = \overset{(k-1)}{q}{}^{\alpha}|_{\alpha} \tag{16}$$

$$\frac{1}{2} [\overset{(k)}{v}_{\alpha|\beta} + \overset{(k)}{v}_{\beta|\alpha} - 2\, b_{\alpha\beta} \overset{(k)}{w}] = \frac{1}{E\lambda L} H^{*}_{\alpha\beta\gamma\delta} \overset{(k)}{n}{}^{\gamma\delta} \tag{17}$$

$$\overset{(k)}{\omega}_{\alpha\beta} = -\frac{1}{2} [\overset{(k)}{w}_{|\alpha\beta} + (b^{\varrho}_{\alpha} \overset{(k)}{v}_{\varrho})_{|\beta} + (b^{\varrho}_{\beta} \overset{(k)}{v}_{\varrho})_{|\alpha}] \tag{18}$$

$$\overset{(k)}{m}{}^{\alpha\beta} = D H^{\alpha\beta\gamma\delta} \overset{(k)}{\omega}_{\gamma\delta} \tag{19}$$

$$\overset{(k)}{q}{}^{\alpha} = \overset{(k)}{m}{}^{\beta\alpha}|_{\beta}. \tag{20}$$

Aus (9), (10 werden zunächst die Tensorkomponenten so bestimmt, daß die aus ihnen resultierenden physikalischen Schnittkräfte $\overset{(0)}{n}_{(\alpha\beta)}$ in allen Flächenpunkten endlich sind. Bei Kenntnis dieser Funktionen kann das System (11) mit den entsprechenden Randbedingungen gelöst werden. Die Systeme (9)–(10), (11) sind von der ersten Ordnung und linear, besitzen je zwei unbekannte Funktionen und sind für Mittelflächen mit positiver Gaussscher Krümmung von elliptischen Typus, für solche mit negativer Gaussscher Krümmung von hyperbolischen Typus. Daß diese Systeme für spezielle Flächentypen in die Form

$$\begin{aligned} &\frac{\partial S}{\partial \Theta^1} + \varepsilon^2 \frac{\partial T}{\partial \Theta^2} + \Phi_1(\Theta^1, \Theta^2) = 0 \\ &\frac{\partial S}{\partial \Theta^2} + \frac{\partial T}{\partial \Theta^1} + \Phi_2(\Theta^1, \Theta^2) = 0 \end{aligned} \qquad \text{mit } \varepsilon^2 = \begin{cases} -1 & \text{für } K > 0 \\ +1 & \text{für } K < 0 \end{cases} \tag{21}$$

gebracht werden können, ist seit langem bekannt ([6], [23]) und ausführlich auch in [21] dargelegt. Zu diesem Zweck wird die Schalenmittelfläche auf ein Netz konjugiert-isometrischer Parameter bezogen, was – wie in [23] und [17] bewiesen wurde – zumindest bei allen Flächen zweiter Ordnung mit nichtverschwindendem Gaussschen Krümmungsmaß möglich ist. Daß sich auch das System der Verschiebungen in der Form (19) schreiben läßt, wurde unseres Wissens erstmals in [11] gezeigt und soll wegen der im vorliegenden Bericht gegenüber [11] geänderten Schreibweise anschließend bewiesen werden.

Bei Kenntnis der Verschiebungen $\overset{(0)}{v}_{\alpha}$ und $\overset{(0)}{w}$ werden gemäß (12) die Größen $\overset{(0)}{\omega}_{\alpha\beta}$ und darauf mit Hilfe von (13) die Momente $\overset{(0)}{m}{}^{\alpha\beta}$ bestimmt, aus welchen nach (14) die Querkräfte resultieren. Damit sind sämtliche Unbekannten in der ersten Näherungsstufe bekannt, und man kann in analoger Weise für $k = 1$ aus (15) die Schnittreaktionen und Verschiebungen der zweiten Näherungsstufe berechnen.

Dieses Verfahren läßt sich dann anwenden, wenn die Konvergenz der Reihen (7), (8) und die Existenz des singularitätenfreien Membranspannungszustandes gewährleistet ist. Da für viele Typen von Schalenmittelflächen und Belastungsarten Membranlösungen bekannt sind und zugleich für diese die Singularitätenfreiheit sowie die Konvergenz leicht zu überschauen ist, bestehen mindestens in diesen Fällen bei der Anwendung der Methode keine Gefahren.

Die Rechnung sollte dabei solange durchgeführt werden, bis aufeinanderfolgende Näherungsstufen im Rahmen der gewünschten Genauigkeit keinen Unterschied mehr aufweisen.

Wegen des gleichen Aufbaus aller vorkommenden Differentialgleichungssysteme scheint diese Rechenmethode für digitale Rechengeräte sehr geeignet zu sein. Die verschiedenen Näherungsstufen können im Zyklus durchlaufen werden, eine Genauigkeitsabfrage und eine Konvergenzabfrage läßt sich einbauen und neben der Lösung der Differentialgleichungssysteme brauchen nur noch Ableitungen und Summationen durchgeführt zu werden. Gegenüber einer direkten numerischen Ermittlung der Lösung aus den vollständigen Schalengleichungen – etwa nach dem Differenzenverfahren – dürfte diese Methode von Vorteil sein.

Es soll nun noch gezeigt werden, daß auch das System (11) für die Verschiebungen auf die Form (21) gebracht werden kann. Schreibt man (11) ausführlich, so erhält man:

$$\begin{aligned}
&\frac{\partial v_1}{\partial \Theta^1} - \Gamma^1_{11} v_1 - \Gamma^2_{11} v_2 - b_{11} w = \frac{1}{E\lambda L} H^*_{11\varrho\lambda} n^{\varrho\lambda} \\
&\frac{\partial v_1}{\partial \Theta^2} + \frac{\partial v_2}{\partial \Theta^1} - 2\,\Gamma^1_{12} v_1 - 2\,\Gamma^2_{12} v_2 - 2\,b_{12} w = \frac{2}{E\lambda L} H^*_{12\varrho\lambda} n^{\varrho\lambda} \qquad (22)\\
&\frac{\partial v_2}{\partial \Theta^2} - \Gamma^1_{22} v_1 - \Gamma^2_{22} v_2 - b_{22} w = \frac{1}{E\lambda L} H^*_{22\varrho\lambda} n^{\varrho\lambda}.
\end{aligned}$$

Ist die Mittelfläche auf konjugiert-isometrische Parameter bezogen, was die Voraussetzung dafür ist, daß das System der Schnittkräfte in die Form (21) übergeführt werden kann, so gilt mit (Abschnitt 1.12 Gl. (4)) nach (11)

$$\bar{b} w = \varepsilon^2 \left[-\frac{\partial v_2}{\partial \Theta^2} + \Gamma^1_{22} v_1 + \Gamma^2_{22} v_2 + \frac{1}{E\lambda L} H^*_{22\varrho\lambda} n^{\varrho\lambda} \right] \qquad (23)$$

und das Problem besteht in der Lösung der beiden partiellen Differentialgleichungen

$$\begin{aligned}
&\frac{\partial v_1}{\partial \Theta^2} + \frac{\partial v_2}{\partial \Theta^1} - 2\,\Gamma^1_{12} v_1 - 2\,\Gamma^2_{12} v_2 = \frac{2}{E\lambda L} H^*_{12\varrho\lambda} n^{\varrho\lambda} \\
&\frac{\partial v_1}{\partial \Theta^1} + \varepsilon^2 \frac{\partial v_2}{\partial \Theta^2} - (\Gamma^1_{11} + \varepsilon^2 \Gamma^1_{22})\, v_1 - (\Gamma^2_{11} + \varepsilon^2 \Gamma^2_{22})\, v_2 \\
&\quad = \frac{1}{E\lambda L} (H^*_{11\varrho\lambda} + \varepsilon^2 H^*_{22\varrho\lambda})\, n^{\varrho\lambda}.
\end{aligned}$$

Ähnlich wie in [17] wird nun ein integrierender Faktor eingeführt:

$$\begin{aligned}
&\frac{\partial(\sigma v_1)}{\partial\Theta^2} + \frac{\partial(\sigma v_2)}{\partial\Theta^1} - \left[\sigma\, 2\,\Gamma^1_{12} + \frac{\partial\sigma}{\partial\Theta^2}\right] v_1 - \left[2\,\Gamma^2_{12}\,\sigma + \frac{\partial\sigma}{\partial\Theta^1}\right] v_2 \\
&\quad = \frac{2\,\sigma}{E\lambda L}\, H^*_{12\varrho\lambda} n^{\varrho\lambda} \\
&\frac{\partial(\sigma v_1)}{\partial\Theta^1} + \varepsilon^2 \frac{\partial(\sigma v_2)}{\partial\Theta^2} - \left[(\Gamma^1_{11} + \varepsilon^2\Gamma^1_{22})\,\sigma + \frac{\partial\sigma}{\partial\Theta^1}\right] v_1 \\
&\quad - \left[(\Gamma^2_{11} + \varepsilon^2\Gamma^2_{22})\,\sigma + \varepsilon^2 \frac{\partial\sigma}{\partial\Theta^2}\right] v_2 = \frac{\sigma}{E\lambda L}\,(H^*_{11\varrho\lambda} + \varepsilon^2 H^*_{22\varrho\lambda})\, n^{\varrho\lambda}\,.
\end{aligned} \tag{24}$$

Man erkennt sofort, daß (24) die Form (21) annimmt, wenn eine Funktion $\sigma(\Theta^1, \Theta^2)$ mit den Eigenschaften

$$\begin{aligned}
\frac{\partial\sigma}{\partial\Theta^1} &= -\,[\Gamma^1_{11} + \varepsilon^2\Gamma^1_{22}]\,\sigma = -\,2\,\Gamma^2_{12}\sigma \\
\frac{\partial\sigma}{\partial\Theta^2} &= -\,\varepsilon^2\,[\Gamma^2_{11} + \varepsilon^2\Gamma^2_{22}]\,\sigma = -\,2\,\Gamma^1_{12}\sigma
\end{aligned} \tag{25}$$

existiert.

Es gilt $S = \sigma v_1$ und $T = \sigma v_2$.

Abgesehen von der Existenz einer Funktion $\sigma(\Theta^1, \Theta^2)$ müssen nach (25) die Christoffelsymbole 2. Art noch den beiden Bedingungen

$$\begin{aligned}
&-\Gamma^1_{11} + 2\,\Gamma^2_{12} - \varepsilon\,\Gamma^1_{22} = 0 \\
&-\Gamma^2_{22} + 2\,\Gamma^1_{21} - \varepsilon^2\Gamma^2_{11} = 0
\end{aligned} \tag{26}$$

genügen. Gemeinsam mit den Gleichungen von Mainardi–Codazzi, welche für konjugiert-isometrische Parameter die Form

$$\begin{aligned}
\frac{\partial\bar{b}}{\partial\Theta^1} &= \bar{b}(\varepsilon^2\Gamma^1_{22} + \Gamma^2_{12}) \\
\frac{\partial\bar{b}}{\partial\Theta^2} &= \bar{b}(\varepsilon^2\Gamma^2_{11} + \Gamma^1_{12})
\end{aligned}$$

haben und mit der bekannten Beziehung

$$\Gamma^\alpha_{\alpha\beta} = \frac{\partial}{\partial\Theta^\beta}\left(\ln\sqrt{a}\,\right)$$

bildet (26) ein System von sechs Gleichungen zur Bestimmung der sechs Unbekannten $\Gamma^\gamma_{\alpha\beta}$, aus welchem nach (25) folgt:

$$\frac{\partial\sigma}{\partial\Theta^\alpha} = -\,\sigma\,\frac{\partial}{\partial\Theta^\alpha}\left(\ln\sqrt{\bar{b}\sqrt{a}}\,\right)$$

Mit dem integrierenden Faktor $\sigma = \left(\sqrt{a}\ \sqrt[4]{K}\right)^{-1}$ läßt sich also das System der Verschiebungen auf die Form (21) bringen.

Eine wesentliche Aufgabe der Schalentheorie (zumindest für Schalenmittelflächen von zweiter Ordnung) besteht somit in der Lösung eines partiellen Differentialgleichungssystems der Form

$$\begin{aligned} \frac{\partial S}{\partial \Theta^1} + \varepsilon^2 \frac{\partial T}{\partial \Theta^2} + \Phi_1(\Theta^1, \Theta^2) &= 0 \\ \frac{\partial S}{\partial \Theta^2} + \frac{\partial T}{\partial \Theta^1} + \Phi_2(\Theta^1, \Theta^2) &= 0 \end{aligned} \tag{27}$$

unter Berücksichtigung der im Einzelfall vorliegenden Randbedingungen.

Für das System der Schnittkräfte gilt

$$\begin{aligned} S &= \sigma_n \cdot n^{12} \\ T &= \sigma_n \cdot n^{11} \end{aligned} \qquad \text{mit } \sigma_n = a \sqrt[4]{K}\,, \tag{28}$$

für das System der Verschiebungen gilt

$$\begin{aligned} S &= \sigma_v \cdot v_1 \\ T &= \sigma_v \cdot v_2 \end{aligned} \qquad \text{mit } \sigma_v = \left(\sqrt{a}\ \sqrt[4]{K}\right)^{-1} \tag{29}$$

und

$$\Phi_1 = \frac{\sigma_v}{E\lambda L}\left(H^*_{11\varrho\lambda} + \varepsilon^2 H^*_{22\varrho\lambda}\right) n^{\varrho\lambda}$$

$$\Phi_2 = \frac{2\,\sigma_v}{E\lambda L} H^*_{12\varrho\lambda} n^{\varrho\lambda}.$$

In der ersten Näherungsstufe gilt für das System der Schnittkräfte

$$\begin{aligned} \Phi_1 &= \sigma_n \left[p^2 + \varepsilon^2 \frac{\partial}{\partial \Theta^2}\left(\frac{p^3}{b}\right) + \varepsilon^2 \left(\frac{p^3}{b}\right) \frac{\partial}{\partial \Theta^2}\left(\ln \sqrt[8]{\frac{a^7}{b^2}}\right)\right] \\ \Phi_2 &= \sigma_n \left[p^1 - \left(\frac{p^3}{b}\right) \frac{\partial}{\partial \Theta^1}\left(\ln \sqrt[8]{\frac{a}{b^6}}\right)\right], \end{aligned} \tag{30}$$

für höhere Näherungsstufen sind die Querkräfte in den Störfunktionen zu berücksichtigen. Auf welche Weise die Belastungskomponenten p^i zu ersetzen sind, ist aus einem Vergleich von (15), (16) und (21) ersichtlich.

1.2 Lösung des Problems durch Lösung des Systems linearer partieller Differentialgleichungen (aus 1.1.4) mit Hilfe verallgemeinerter Lie-Reihen

Die in Abschnitt 1.1.3 genannten Randbedingungen sollten zunächst für eine stückweise glatte, doppelpunktfreie, sonst beliebige Randkurve formuliert sein; die Randkurve begrenze einen einfach zusammenhängenden Bereich B der

Parameterebene. Im folgenden soll zunächst eine Lösung des Systems (Abschnitt 1.1.4, Gl. (27)) konstruiert werden für den Fall, daß B die Halbebene bzw. der Quadrant $\Theta_i = 0$, ($i = 1$ oder 2 bzw. $i = 1, 2$) der Parameterebene ist. Dieser Forderung kann für einen einfach zusammenhängenden Originalbereich B der Schalenmittelfläche oder des in Frage kommenden Flächenstückes in der Parameterebene genüge getan werden, da dieser konform in die Θ_1, Θ_2-Ebene derart abgebildet werden kann, daß der Bereich in den ersten Quadranten und die Randkurve in die positive Θ_1- sowie Θ_2-Achse (oder die Θ_1-Achse oder Θ_2-Achse allein) übergeht (vgl. hierzu [17], [21]).

Das System (Abschnitt 1.1.4, Gl. (27)) hat für $\varepsilon^2 = -1$ folgende Gestalt

$$\begin{aligned} \frac{\partial u(x,y)}{\partial x} - \frac{\partial v(x,y)}{\partial y} + a(x,y)\,u(x,y) + b(x,y)\,v(x,y) + e(x,y) &= 0 \\ \frac{\partial u(x,y)}{\partial y} + \frac{\partial v(x,y)}{\partial x} + c(x,y)\,u(x,y) + d(x,y)\,v(x,y) + f(x,y) &= 0. \end{aligned} \tag{1}$$

Das System ist elliptisch. Dabei seien die Funktionen $a, \ldots, f$ analytisch in den Variablen x und y. Nunmehr werden Lösungen $u(x,y)$, $v(x,y)$ zu vorgegebenen Werten

$$u_0 = u(x, 0), \quad v_0 = v(x, 0) \tag{2}$$

konstruiert. Schreibt man die gesuchten Funktionen u, v als Komponenten einer Vektorfunktion w, so geht (1) in eine einzige Differentialgleichung zur Bestimmung von w über:

$$\begin{pmatrix}1 & 0\\ 0 & 1\end{pmatrix}\frac{\partial w}{\partial x} + \begin{pmatrix}0 & -1\\ 1 & 0\end{pmatrix}\frac{\partial w}{\partial y} + \begin{pmatrix}a & b\\ c & d\end{pmatrix} w + \begin{pmatrix}e\\ f\end{pmatrix} = 0 \quad \text{mit} \quad w = \begin{pmatrix}u\\ v\end{pmatrix}. \tag{3}$$

Bekannt ist $w_0 = w_0(x, 0) = \begin{pmatrix}u(x, 0)\\ v(x, 0)\end{pmatrix}$.

Die Auflösung nach w_y ergibt (bei Kenntnis der Anfangswerte $u(0,y)$, $v(0,y)$ müßte nach w_x aufgelöst werden):

$$\frac{\partial w}{\partial y} = A\frac{\partial w}{\partial x} + Bw + \varphi \tag{4}$$

mit

$$A = \begin{pmatrix}0 & -1\\ 1 & 0\end{pmatrix}, \quad B = \begin{pmatrix}-c & -d\\ a & b\end{pmatrix}, \quad \varphi = \begin{pmatrix}-f\\ e\end{pmatrix}.$$

Die Lösung der homogenen Differentialgleichung (4) ($\varphi = 0$) ist in Form einer Lie-Reihe ([4], [8]) bekannt:

$$w_1 = \sum_{\nu=0}^{\infty} \frac{y^\nu}{\nu!} D_*^\nu w_0, \tag{5}$$

wobei

$$D_* = D - E\frac{\partial}{\partial y}, \quad D = A\frac{\partial}{\partial x} + B \quad \text{und} \quad E = \begin{pmatrix}1 & 0\\ 0 & 1\end{pmatrix}$$

ist.

Die Kenntnis einer Lösung des homogenen Problems gestattet es, eine Lösung der inhomogenen Aufgabe mit Hilfe eines DUHAMEL-Integrals anzugeben (vgl. [3], S. 204, und [1], S. 62):

$$w = w_1 + \int_0^y w_2 ds,$$

wobei

$$w_2 = \int_0^y V(x, y, s)\, ds$$

die Lösung des inhomogenen Problems mit verschwindenden Anfangswerten darstellt. Die Funktion $V(x, y, s)$ erfüllt die homogene Differentialgleichung und stimmt für $y = s$ mit $V = \varphi(x, y, s)$ überein. Nach (5) gilt also für $V(x, y, s)$

$$V(x, y, s) = \sum_{\nu=0}^{\infty} \frac{(y-s)^\nu}{\nu!} D_*^\nu \varphi(x, y)$$

oder

$$V(x, y, s) = \sum_{\nu=0}^{\infty} \frac{(y-s)^\nu}{\nu!} D_*^\nu \varphi(x, s),$$

was durch Einsetzen in die Differentialgleichung (4) mit $\varphi = 0$ leicht verifiziert werden kann. Bei Verwendung der ersten Darstellung ergibt sich eine Lösung in der Form

$$w = w_1 + \int_0^y \frac{(y-s)^\nu}{\nu!} D_*^\nu \varphi(x, y)\, ds$$

oder

$$w = \sum_{\nu=0}^{\infty} \frac{y^\nu}{\nu!} D_*^\nu w_0(x, 0) + \sum_{\nu=1}^{\infty} \frac{y^\nu}{\nu!} D_*^{\nu-1} \varphi(x, y). \tag{6}$$

Eine andere Gestalt von w erreicht man mit der zweiten Darstellung von $V(x, y, s)$; nämlich:

$$w = \sum_{\nu=0}^{\infty} \frac{y^\nu}{\nu!} D_*^\nu w_0 + \int_0^y \sum_{\nu=0}^{\infty} \frac{(y-s)^\nu}{\nu!} D_*^\nu \varphi(x, s)\, ds. \tag{7}$$

Wie für $y = 0$ sofort ersichtlich ist, nehmen die beiden Lösungen (6) und (7) die vorgegebenen Werte (2) an. Daß auch die Differentialgleichung (4) erfüllt ist, läßt sich ebenfalls zeigen, wenn nur

$$D_* = D - E \frac{\partial}{\partial y} \quad \text{und} \quad \frac{\partial D_*^{\nu-1}}{\partial y} = D D_*^{\nu-1} - D_*^\nu \qquad (\text{für } \nu \geqq 2)$$

berücksichtigt wird. Der Beweis soll für die Lösung (6) durchgeführt werden:

Mit

$$\frac{\partial w}{\partial x}=\sum_{\nu=0}^{\infty}\frac{y^{\nu}}{\nu!}\frac{\partial}{\partial x}(D_*^{\nu}w_0)+\sum_{\nu=1}^{\infty}\frac{y^{\nu}}{\nu!}\frac{\partial}{\partial x}(D_*^{\nu-1}\varphi)$$

und

$$\frac{\partial w}{\partial y}=\sum_{\nu=1}^{\infty}\frac{y^{\nu-1}}{(\nu-1)!}D_*^{\nu}w_0+\sum_{\nu=0}^{\infty}\frac{y^{\nu}}{\nu!}\frac{\partial}{\partial y}(D_*^{\nu}w_0)+\sum_{\nu=1}^{\infty}\frac{y^{\nu-1}}{(\nu-1)!}D_*^{\nu-1}\varphi$$
$$+\sum_{\nu=1}^{\infty}\frac{y^{\nu}}{\nu!}\frac{\partial}{\partial y}(D_*^{\nu-1}\varphi)$$

ergibt sich, wenn man beachtet, daß $w_0 = w(x, 0)$ nur eine Funktion der Variablen x ist:

$$\frac{\partial w}{\partial y}-A\frac{\partial w}{\partial x}-Bw-\varphi=\sum_{\nu=0}^{\infty}\frac{y^{\nu}}{\nu!}D_*^{\nu+1}w_0+\sum_{\nu=0}^{\infty}\frac{y^{\nu}}{\nu!}[DD_*^{\nu}w_0-D_*^{\nu+1}w_0]$$
$$+\sum_{\nu=0}^{\infty}\frac{y^{\nu}}{\nu!}D_*^{\nu}\varphi+\sum_{\nu=1}^{\infty}\frac{y^{\nu}}{\nu!}[DD_*^{\nu-1}\varphi-D_*^{\nu}\varphi]$$
$$-\sum_{\nu=0}^{\infty}\frac{y^{\nu}}{\nu!}[D_*^{\nu+1}w_0-BD^{\nu}w_0]-A\sum_{\nu=1}^{\infty}\frac{y^{\nu}}{\nu!}\frac{\partial}{\partial x}D_*^{\nu-1}\varphi$$
$$-B\sum_{\nu=0}^{\infty}\frac{y^{\nu}}{\nu!}D_*^{\nu}w_0-B\sum_{\nu=1}^{\infty}\frac{y^{\nu}}{\nu!}D_*^{\nu-1}\varphi-\varphi=0.$$

(w.z.b.w.)

Weil der Beweis der Konvergenz beider Lie-Reihen in (6) in der Durchführung genau dem in [8] entspricht, soll er hier nur kurz angedeutet werden.
Es sei $\varphi(x,y)$ eine in x und y analytische Funktion im Punkte P, der (wegen der Möglichkeit einer Translation) ohne Einschränkung der Allgemeinheit im Ursprung angenommen werden kann. Dort läßt sich $\varphi(x,y)$ als eine in einem Gebiet $|x_r| < \varrho_r$ $(r = 1, 2)$ absolut konvergente Potenzreihe darstellen:

$$\varphi(x_1, x_2)=\sum_{i,k}^{0\ldots\infty}a_{ik}x_1^i x_2^k \tag{8}$$

mit $x_1 = x$, $x_2 = y$.

Eine Funktion $g(y_1, y_2)=\sum\limits_{i,k}^{0\ldots\infty}b_{ik}y_1^i y_2^k$ wird als Cauchysche Majorante von $\varphi(x_1, x_2)$ bezeichnet, wenn

$$|a_{ik}| \leqq b_{ik}$$

gilt. Dies soll durch das Symbol $\prec$ ausgedrückt werden:

$$\varphi(x_1, x_2) \prec g(y_1, y_2).$$

Für den nachfolgenden Konvergenzbeweis ist eine Verallgemeinerung des Begriffes »Majorante« zweckmäßig. Wir wollen eine Funktion G der reellen Variablen y mit

$$G(y) = \sum_{j=0}^{\infty} c_j y^j$$

eine Majorante von $\varphi(x_1, x_2)$ nennen, wenn gilt:

$$c_j \geqq \sum_{i+k=j} |a_{ik}| .$$

Die Reihe (8) konvergiert nach Voraussetzung absolut für $|x_r| = \varrho_r \; (r = 1, 2)$, weshalb sich für $\varphi(x_1, x_2)$ eine Majorante in folgender Form angeben läßt:

$$\varphi(x_1, x_2) \prec \frac{M}{\left(1 - \dfrac{y_1}{\varrho_1}\right)\left(1 - \dfrac{y_2}{\varrho_2}\right)} \prec \frac{M}{\left(1 - \dfrac{y}{\varrho}\right)^2},$$

wobei M eine positive Konstante, $\varrho = \min\{\varrho_1, \varrho_2\}$, $|y_r| \leqq \varrho_r \; (r = 1, 2)$ und $|y| < \varrho$ ist. Da man Potenzreihen in ihrem Konvergenzgebiet gliedweise differenzieren darf, lassen sich die Majorisierungen auf die Ableitungen übertragen. Ein Differentialoperator Δ soll majorant zum Differentialoperator D genannt werden, wenn aus

$$\varphi(x_1, x_2) \prec G(y) \quad \text{folgt} \quad D\varphi \prec \Delta G .$$

Analog zur Beweisführung in [8] wird die Vektorfunktion $\varphi(x_1, x_2)$ durch eine Vektorfunktion $\hat{\varphi}(t)$

$$\varphi(x_1, x_2) \prec \hat{\varphi}(t) = \frac{M}{\left(1 - \dfrac{t}{\varrho}\right)^2} \begin{pmatrix} 1 \\ 1 \end{pmatrix} \tag{9}$$

und der Differentialoperator D_* durch einen Operator Δ_1

$$D_* \prec \Delta_1 = \frac{N_1}{\left(1 - \dfrac{t}{\varrho}\right)^2} \begin{pmatrix} 11 \\ 11 \end{pmatrix} \frac{\partial}{\partial t} + \frac{N_1^*}{\left(1 - \dfrac{t}{\varrho}\right)^2} \begin{pmatrix} 11 \\ 11 \end{pmatrix}$$

majorisiert. M, N_1 und N_1^* sind dabei positive reelle Konstanten, und es gilt $t \leqq \varrho = \min\{\varrho_j\}$, wenn unter ϱ_j die jeweiligen Schranken der Konvergenzgebiete der analytischen Funktionen $a, \ldots, f$ verstanden werden. Setzt man noch

$$\varrho N_1^* \leqq N_1 ,$$

was sich stets durch Ändern von N_1 ermöglichen läßt, so gilt:

$$D_* \prec \Delta_1 \prec \Delta = \frac{N_1}{\left(1 - \dfrac{t}{\varrho}\right)^2} \begin{pmatrix} 11 \\ 11 \end{pmatrix} \frac{\partial}{\partial t} + \frac{N_1}{\left(1 - \dfrac{t}{\varrho}\right)^2 \varrho} \begin{pmatrix} 11 \\ 11 \end{pmatrix}. \tag{10}$$

Mit Hilfe der Majorisierungen (9) und (10) läßt sich eine Majorante für $D_*^\nu \varphi$ angeben:

$$D_*^\nu \varphi \prec \Delta^\nu \hat{\varphi} \prec \frac{2^\nu M N_1^\nu 3^\nu \nu!}{\left(1 - \frac{t}{\varrho}\right)^{3\nu+2} \varrho^\nu} \begin{pmatrix}1\\1\end{pmatrix} \qquad (\text{für } \nu \geqq 0)\,. \tag{11}$$

Diese Aussage läßt sich durch vollständige Induktion leicht beweisen: Die linke Majorisierung gilt wegen der Definition des Majorantenoperators immer. Für $\nu = 0$ ist (11) mit (9) identisch, also erfüllt. Aus der Gültigkeit von (11) für ν folgt die Richtigkeit der Aussage für $\nu + 1$. Es gelte also (11) für ν, dann erhält man über

$$\begin{aligned}
\Delta^{\nu+1}\hat{\varphi} = \Delta(\Delta^\nu \hat{\varphi}) &\prec \frac{2 N_1}{\left(1 - \frac{t}{\varrho}\right)^2} \cdot \frac{2^\nu M N_1^\nu 3^\nu \nu!}{\left(1 - \frac{t}{\varrho}\right)^{3\nu+2} \varrho^\nu \varrho} \begin{pmatrix}1\\1\end{pmatrix} + \frac{2 N_1 2^\nu M N_1^\nu 3^\nu \nu!}{\left(1 - \frac{t}{\varrho}\right)^2 \varrho \left(1 - \frac{t}{\varrho}\right)^{3\nu+2} \varrho^\nu} \begin{pmatrix}1\\1\end{pmatrix} \\
&\prec \frac{2^{\nu+1} M N_1^{\nu+1} 3^\nu \nu! \, (3\nu + 2 + 1)}{\left(1 - \frac{t}{\varrho}\right)^{3(\nu+1)+2} \cdot \varrho^{\nu+1}} \begin{pmatrix}1\\1\end{pmatrix} \\
&\prec \frac{2^{\nu+1} M N_1^{\nu+1} 3^{\nu+1} (\nu + 1)!}{\left(1 - \frac{t}{\varrho}\right)^{3(\nu+1)+2} \cdot \varrho^{\nu+1}} \begin{pmatrix}1\\1\end{pmatrix}
\end{aligned}$$

die Aussage (11) für $(\nu + 1)$.

Die Reihe

$$\sum_{\nu=0}^{\infty} \frac{y^\nu}{\nu!} D_*^\nu \varphi(x, y) \tag{12}$$

läßt sich also auf folgende Weise abschätzen:

$$\sum_{\nu=0}^{\infty} \left| \frac{y^\nu}{\nu!} D_*^\nu \varphi(x, y) \right| \leqq \sum_{\nu=0}^{\infty} \frac{|y|^\nu}{\nu!} \frac{2^\nu M N_1^\nu 3^\nu \nu!}{\left(1 - \frac{t}{\varrho}\right)^{3\nu+2} \varrho^\nu} \begin{pmatrix}1\\1\end{pmatrix}.$$

Weil die Majorante für $|y| \leqq \min(\delta, t)$ mit

$$\delta = \frac{\varrho \left(1 - \frac{t}{\varrho}\right)^3}{6 N_1}$$

(nach dem Quotientenkriterium) konvergiert, ist die absolute Konvergenz von (12) in einer gewissen Umgebung des Punktes P bewiesen.

Eine besondere Vereinfachung der Lösung von (1) ist für den Fall $a=b=c=d=0$ möglich. Die Aufgabe lautet dann:

Die Differentialgleichung

$$\frac{\partial y}{\partial w} = A \frac{\partial w}{\partial x} + \varphi \quad \text{mit} \quad A = \begin{pmatrix} 0 & -1 \\ 1 & 0 \end{pmatrix} \quad \text{und} \quad \varphi = \begin{pmatrix} \varphi_1 \\ \varphi_2 \end{pmatrix} = \begin{pmatrix} -f \\ e \end{pmatrix}, \quad w = \begin{pmatrix} u \\ v \end{pmatrix}$$

ist bei Kenntnis der Anfangswerte $w_0 = w(x, 0)$ zu lösen. Nach (7) gilt für die Lösung

$$w(x,y) = \sum_{\nu=0}^{\infty} \frac{y^\nu}{\nu!} D_*^\nu w_0 + \int_0^y \sum_{\nu=0}^{\infty} \frac{(y-s)}{\nu!} D_*^\nu \varphi(x, s)\, ds, \tag{13}$$

wobei $D_* = A \frac{\partial}{\partial x} - E \frac{\partial}{\partial y}$ eine wichtige Eigenschaft besitzt: Für gerade Potenzen von A gilt nämlich $A^{2\nu} = (-1)^\nu E$ und für ungerade: $A^{2\nu+1} = (-1)^\nu A$. Weil nun D_* in (13) nur auf Funktionen angewandt wird, die von y unabhängig sind, ergibt sich:

$$\begin{aligned} w(x,y) = {} & A \sum_{\nu=0}^{\infty} (-1)^\nu \frac{y^{2\nu+1}}{(2\nu+1)!} \frac{\partial^{2\nu+1} w(x, 0)}{\partial x^{2\nu+1}} \\ & + E \sum_{\nu=0}^{\infty} (-1)^\nu \frac{y^{2\nu}}{(2\nu)!} \frac{\partial^{2\nu} w(x, 0)}{\partial x^{2\nu}} \\ & + \int_0^y \Bigg[A \sum_{\nu=0}^{\infty} (-1)^\nu \frac{(y-s)^{2\nu+1} \partial^{2\nu+1} (x, s)}{(2\nu+1)!\; \partial x^{2\nu+1}} \\ & + E \sum_{\nu=0}^{\infty} (-1)^\nu \frac{(y-s)^{2\nu} \partial^{2\nu} w(x, 0)}{(2\nu)!\; \partial x^{2\nu}} \Bigg] ds. \end{aligned} \tag{14}$$

Deutet man die 2. Komponente aller auftretenden Vektoren als imaginäre Komponenten komplexwertiger Funktionen, so z. B.

$$w = u + iv \quad \text{oder} \quad \varphi = \varphi_1 + i\varphi_2 = -f + ie,$$

so erhält man nach Ausmultiplizieren mit A und E:

$$\begin{aligned} w(x,y) &= u(x,y) + iv(x,y) \\ &= \left[\sum_{\nu=0}^{\infty} (-1)^\nu \frac{y^{2\nu}}{(2\nu)!} \frac{\partial^{2\nu} u(x, 0)}{\partial x^{2\nu}} + i \sum_{\nu=0}^{\infty} (-1)^\nu \frac{y^{2\nu+1}}{(2\nu+1)!} \frac{\partial^{2\nu+1} u(x, 0)}{\partial x^{2\nu+1}} \right] \\ &+ i \left[\sum_{\nu=0}^{\infty} (-1)^\nu \frac{y^{2\nu}}{(2\nu)!} \frac{\partial^{2\nu} v(x, 0)}{\partial x^{2\nu}} + i \sum_{\nu=0}^{\infty} (-1)^\nu \frac{y^{2\nu+1}}{(2\nu+1)!} \frac{\partial^{2\nu+1} v(x, 0)}{\partial x^{2\nu+1}} \right] \\ &+ \int_0^y \left[\sum_{\nu=0}^{\infty} (-1)^\nu \frac{(y-s)^{2\nu} \partial^{2\nu} \varphi_1(x, s)}{(2\nu)!\; \partial x^{2\nu}} + i \sum_{\nu=0}^{\infty} (-1)^\nu \frac{(y-s)^{2\nu+1} \partial^{2\nu+1} \varphi_1(x, s)}{(2\nu+1)!\; \partial x^{2\nu+1}} \right] ds \\ &+ i \int_0^y \left[\sum_{\nu=0}^{\infty} (-1)^\nu \frac{(y-s)^{2\nu} \partial^{2\nu} \varphi_2(x, s)}{(2\nu)!\; \partial x^{2\nu}} + i \sum_{\nu=0}^{\infty} (-1)^\nu \frac{(y-s)^{2\nu+1} \partial^{2\nu+1} \varphi_2(x, s)}{(2\nu+1)!\; \partial x^{2\nu+1}} \right] ds. \end{aligned} \tag{15}$$

Diese Darstellung der Lösung läßt sich leicht als TAYLOR-Reihen-Entwicklung erkennen:

$$w(x,y) = u(x,y) + iv(x,y)$$

$$= \sum_{\nu=0}^{\infty} \frac{(iy)^\nu}{\nu!} \frac{\partial^\nu u(x,0)}{\partial x^\nu} + i \sum_{\nu=0}^{\infty} \frac{(iy)^\nu}{\nu!} \frac{\partial^\nu v(x,0)}{\partial x^\nu}$$

$$+ \int_0^y \left[\sum_{\nu=0}^{\infty} \frac{[i(y-s)]^\nu}{\nu!} \frac{\partial^\nu \varphi_1(x,s)}{\partial x^\nu} + i \sum_{\nu=0}^{\infty} \frac{[i(y-s)]^\nu}{\nu!} \frac{\partial^\nu \varphi_2(x,s)}{\partial x^\nu} \right] ds,$$

$$u(x,y) + iv(x,y) = u(x+iy, 0) + iv(x+iy, 0)$$

$$+ \int_0^y \{-f[x+i(y-s), s] + ie[x+i(y-s), s]\}\, ds. \tag{16}$$

Nach Real- und Imaginärteil getrennt, erhält man die Lösung des Systems (1) für $a=b=c=d=0$ in der Form (vgl. auch [21])

$$\begin{aligned} u(x,y) &= \operatorname{Re} u(x+iy, 0) - \operatorname{Im} v(x+iy, 0) - \int_0^y \{\operatorname{Re} f[x+i(y-t), t] \\ &\qquad + \operatorname{Im} e[x+i(y-t), t]\}\, dt \\ v(x,y) &= \operatorname{Im} u(x+iy, 0) + \operatorname{Re} v(x+iy, 0) - \int_0^y \{\operatorname{Im} f[x+i(y-t), t)] \\ &\qquad - \operatorname{Re} e[x+i(y-t), t]\}\, dt. \end{aligned} \tag{17}$$

Nach der Methode von I. N. VEKUA (vgl. [22])wird das System (1) für $a=b=c=d=0$ auf eine Differentialgleichung der Form

$$\frac{\partial w}{\partial \bar{z}} = \varphi \quad \text{mit} \quad \frac{\partial}{\partial \bar{z}} = \frac{1}{2}\left(\frac{\partial}{\partial x} + i\frac{\partial}{\partial y}\right), \qquad \begin{aligned} z &= x+iy, \; w = u+iv \\ \bar{z} &= x-iy, \; \varphi = e+if \end{aligned}$$

gebracht. Die Integration über $\bar{z}$ ergibt dann:

$$w(x,y) = w(z,\bar{z}) = \psi(z) + \int_{\bar{z}_0}^{\bar{z}} \varphi[z,\tau]\, d\tau.$$

Die Bedeutung von $\psi(z)$ ist leicht zu ersehen:

$$\psi(z) = w(\bar{z} = \bar{z}_0).$$

Nun braucht nur noch $\bar{z}_0 = z$ gesetzt zu werden, und die Lösung (16) ist gefunden. Diese letzte Methode ist für $a=b=c=d=0$ sehr zweckmäßig, im Fall von nicht verschwindenden Funktionen a, b, c, d führt sie aber auf eine Integralgleichung (mit einem Doppelintegral) zur Bestimmung der gesuchten Funktion w. Mit Hilfe der LIE-Reihen-Methode ist jedoch in (6) und (7) auch die Möglichkeit zur unmittelbaren Behandlung dieses Problems gegeben.
Mit (17) ist eine Lösung des Systems (Abschnitt 1.14 Gl. (27)) für $\varepsilon^2 = -1$ gefunden. Auf analoge Weise wird die Aufgabe mit Hilfe der Verallgemeinerten

LIE-Reihen für $\varepsilon^2 = +1$ gelöst. Bei Vorgabe von $S(x, 0)$, $T(x, 0)$ stellt demnach

$$\begin{aligned} S(x,y) &= \operatorname{Re} S(x+iy, 0) - \operatorname{Im} T(x+iy, 0) \\ &\quad - \int_0^y \{\operatorname{Im} \Phi_1[x + i(y-\tau), \tau] + \operatorname{Re} \Phi_2[x + i(y-\tau), \tau]\} \, d\tau \\ T(x,y) &= \operatorname{Im} S(x+iy, 0) + \operatorname{Re} T(x+iy, 0) \\ &\quad + \int_0^y \{\operatorname{Re} \Phi_1[x + i(y-\tau), \tau] - \operatorname{Im} \Phi_2[x + i(y-\tau), \tau]\} \, d\tau \end{aligned} \tag{18}$$

eine Lösung des Systems

$$\begin{aligned} \frac{\partial S(x,y)}{\partial x} - \frac{\partial T(x,y)}{\partial y} + \Phi_1(x,y) &= 0 \\ \frac{\partial S(x,y)}{\partial y} + \frac{\partial T(x,y)}{\partial x} + \Phi_2(x,y) &= 0 \end{aligned} \tag{19}$$

dar, und

$$\begin{aligned} S(x,y) &= \tfrac{1}{2} \{S(x+y, 0) + S(x-y, 0) - T(x+y, 0) + T(x-y, 0) \\ &\quad + \int_0^y [\Phi_1(x+\tau, y-\tau) - \Phi_1(x-\tau, y-\tau) \\ &\quad - \Phi_2(x+\tau, y-\tau) - \Phi_2(x-\tau, y-\tau)] \, d\tau\} \\ T(x,y) &= \tfrac{1}{2} \{S(x-y, 0) - S(x+y, 0) + T(x+y, 0) + T(x-y, 0) \\ &\quad + \int_0^y [\Phi_2(x+\tau, y-\tau) - \Phi_2(x-\tau, y-\tau) \\ &\quad - \Phi_1(x+\tau, y-\tau) - \Phi_1(x-\tau, y-\tau)] \, d\tau\} \end{aligned} \tag{20}$$

ist die Lösung des Systems

$$\begin{aligned} \frac{\partial S(x,y)}{\partial x} + \frac{\partial T(x,y)}{\partial y} + \Phi_1(x,y) &= 0 \\ \frac{\partial S(x,y)}{\partial y} + \frac{\partial T(x,y)}{\partial x} + \Phi_2(x,y) &= 0 \,. \end{aligned} \tag{21}$$

Auch bei Vorgabe $S(0, y)$, $T(0, y)$ läßt sich die Aufgabe mit verallgemeinerten LIE-Reihen lösen, wenn nur (4) nach $\frac{\partial w}{\partial x}$ aufgelöst und die Konstruktion in analoger Weise durchgeführt wird. Es ergibt sich dann für das System (19) folgende Lösung:

$$\begin{aligned} S(x,y) &= \operatorname{Re} S(0, y - ix) - \operatorname{Im} T(0, y - ix) \\ &\quad - \int_0^x \{\operatorname{Re} \Phi_1[\tau, y + i(\tau - x)] - \operatorname{Im} \Phi_2[\tau, y + i(\tau - x)]\} \, d\tau \\ T(x,y) &= \operatorname{Im} S(0, y - ix) + \operatorname{Re} T(0, y - ix) \\ &\quad - \int_0^x \{\operatorname{Im} \Phi_1[\tau, y + i(\tau - x)] + \operatorname{Re} \Phi_2[\tau, y + i(\tau - x)]\} \, d\tau \,. \end{aligned} \tag{22}$$

Dagegen ist es nicht möglich, $S(x, 0)$, $T(0, y)$ oder $S(0, y)$, $T(x, 0)$ vorzugeben. Weitere Ausführungen über die zulässigen Aufgabenstellungen sollen hier nicht gemacht werden, es sei dazu auf [21] verwiesen.

1.3 Anwendungen

1.3.1 Membrantheorie der Kugelschale unter Winddruck

Die Berechnung der Komponenten des Spannungstensors einer mit Winddruck belasteten Kugelschale wurde schon oft durchgeführt (z. B. [18] und [2]), doch wurde der Verformungszustand nicht näher untersucht. Mit Hilfe der in (1.2) gefundenen Lösung der Differentialgleichungssysteme der allgemeinen Schalengleichungen lassen sich jedoch auch die Verschiebungen leicht berechnen.

Die Schalenmittelfläche sei durch die Parameterdarstellung

$$\mathfrak{r}(\Theta^1, \Theta^2) = \left\{\frac{r \cos \Theta^1}{\operatorname{ch} \Theta^2}, \frac{r \sin \Theta^1}{\operatorname{ch} \Theta^2}, r \operatorname{tgh} \Theta^2\right\} \tag{1}$$

gegeben, wobei

$$0 \leqq \Theta^1 < 2\pi \quad \text{und} \quad -\infty \leqq \Theta^2 \leqq +\infty .$$

Der Bereich B ist also ein Parallelstreifen in der Parameterebene.
Die Stützkurve, längs der Randwerte vorzuschreiben sind, sei der Äquator $\Theta^2 = 0$. Nach (1.1.2) ergeben sich die folgenden geometrischen Größen der Schale:

$$a_{11} = \frac{r^2}{\operatorname{ch}^2 \Theta^2}, a_{12} = 0, a_{22} = \frac{r^2}{\operatorname{ch}^2 \Theta^2}; a = \frac{r^4}{\operatorname{ch}^4 \Theta^2}$$

$$a^{11} = \frac{\operatorname{ch}^2 \Theta^2}{r^2}, a^{12} = 0, a^{22} = \frac{\operatorname{ch}^2 \Theta^2}{r^2}$$

$$b_{11} = -\frac{r}{\operatorname{ch}^2 \Theta^2}, b_{12} = 0, b_{22} = \frac{-r}{\operatorname{ch}^2 \Theta^2}$$

$$b_1^1 = -\frac{1}{r}, b_2^1 = 0, b_2^2 = -\frac{1}{r}$$

(man erkennt, daß die Parameterlinien konjugiert-isometrisch sind)

$$\Gamma_{11}^1 = 0, \Gamma_{12}^1 = -\operatorname{tgh} \Theta^2, \Gamma_{11}^2 = \operatorname{tgh} \Theta^2, \Gamma_{22}^1 = 0, \Gamma_{12}^2 = 0, \Gamma_{22}^2 = -\operatorname{tgh} \Theta^2$$

$$H^{1111} = \frac{\operatorname{ch}^4 \Theta^2}{r^4}, H^{2222} = \frac{\operatorname{ch}^4 \Theta^2}{r^4}, H^{1122} = \frac{\eta \operatorname{ch}^4 \Theta^2}{r^4}, H^{1212} = \frac{(1-\eta) \operatorname{ch}^4 \Theta^2}{2 r^4},$$

$$H^{1112} = 0, H^{2221} = 0$$

$$\overset{*}{H}_{1111} = \frac{r^4}{\operatorname{ch}^4 \Theta^2}, \overset{*}{H}_{2222} = \frac{r^4}{\operatorname{ch}^4 \Theta^2}, \overset{*}{H}_{1122} = \frac{-\eta r^4}{\operatorname{ch}^4 \Theta^2}, \overset{*}{H}_{1212} = \frac{(1+\eta) r^4}{2 \operatorname{ch}^4 \Theta^2},$$

$$\overset{*}{H}_{1112} = 0, \overset{*}{H}_{2221} = 0 .$$

Aus (1.14.28–29) folgt:

$$\sigma_n = \frac{1}{\operatorname{ch}^4 \Theta^2} \qquad \sigma_v = \operatorname{ch}^2 \Theta^2 .$$

In Übereinstimmung mit [18] und [2] wird nur die Normalkomponente der Windlast als Belastungskomponente angesetzt:

$$p^1 = p^2 = 0, \; p^3 = -p_w \frac{\cos \Theta^1}{\operatorname{ch} \Theta^2} .$$

Die Gleichgewichtsbedingungen der ersten Näherungsstufe (Membrantheorie) für die so belastete Fläche lauten in der transformierten Form (Abschnitt 1.1.4, Gl. (27)):

$$\begin{aligned} &\frac{\partial S(\Theta^1, \Theta^2)}{\partial \Theta^1} - \frac{\partial T(\Theta^1, \Theta^2)}{\partial \Theta^2} - \frac{2 p_w r^2 \sqrt{r} \cos \Theta^1 \operatorname{sh} \Theta^2}{\operatorname{ch}^4 \Theta^2} = 0 \\ &\frac{\partial T(\Theta^1, \Theta^2)}{\partial \Theta^1} + \frac{\partial S(\Theta^1, \Theta^2)}{\partial \Theta^2} = 0. \end{aligned} \tag{2}$$

In der Lösung (18) dieses elliptischen Differentialgleichungssystems hat das Integral

$$\int_0^{\Theta^2} \Phi_1[\Theta^1 + i(\Theta^2 - \tau), \tau]\, d\tau = -p_w r^2 \sqrt{r} \left\{ \frac{\cos z}{2} \left(1 - \frac{1}{\operatorname{ch}^2 \Theta^2} \right) + \frac{i \sin z}{3} \operatorname{tgh}^3 \Theta^2 \right\}$$

mit $z = \Theta^1 + i\Theta^2$

die Eigenschaft, im Punkte $\Theta^2 = +\infty$ (d. h. im »höchsten« Punkt der Kugel) unendlich zu werden. Das würde bei Berücksichtigung von (Abschnitt 1.1.4, Gl. (28)) und (Abschnitt 1.1.3, Gl. (1a)) bedeuten, daß die physikalischen Schnittkräfte $n_{(\alpha\beta)}$ nicht in allen Flächenpunkten endlich wären. Um diese Singularität zu vermeiden, werden die in die Lösung (Abschnitt 1.2, Gl. (18)) eingehenden Werte $S(\Theta^1, 0)$, $T(\Theta^1, 0)$ wie folgt[6] gewählt:

$$\begin{aligned} S(\Theta^1, 0) &= + \tfrac{2}{3} p_w r^2 \sqrt{r} \sin \Theta^1 \\ T(\Theta^1, 0) &= + p_w r^2 \sqrt{r} \cos \Theta^1 . \end{aligned} \tag{3}$$

Aus der so erhaltenen Lösung von (2)

$$\begin{aligned} S(\Theta^1, \Theta^2) &= + \frac{p_w r^2 \sqrt{r} \sin \Theta^1}{3} \left[2 \operatorname{ch} \Theta^2 - 2 \operatorname{sh} \Theta^2 - \frac{\operatorname{sh} \Theta^2}{\operatorname{ch}^2 \Theta^2} \right] \\ T(\Theta^1, \Theta^2) &= + \frac{p_w r^2 \sqrt{r} \cos \Theta^1}{3} \left[2 \operatorname{sh} \Theta^2 - 2 \operatorname{ch} \Theta^2 + \frac{1}{\operatorname{ch} \Theta^2} - \frac{2}{\operatorname{ch}^3 \Theta^2} \right] . \end{aligned} \tag{4}$$

[6] Durch die Forderung der Regularität für $\Theta^2 = \infty$ ist bei vorgeschriebenen $S(\Theta^1, 0)$ nur noch eine Bedingung für $T(\Theta^1, 0)$ vorgebbar (vgl. [17], [21]).

ergeben sich die Komponenten n^{11} und n^{12} des Schnittkrafttensors und mit Hilfe von (Abschnitt 1.1.4, Gl. (10)) auch n^{22}:

$$\begin{aligned} n^{11} &= \frac{+p_w \cos\Theta^1 \operatorname{ch}^4\Theta^2}{3r}\left[2\operatorname{sh}\Theta^2 - 2\operatorname{ch}\Theta^2 + \frac{1}{\operatorname{ch}\Theta^2} - \frac{2}{\operatorname{ch}^3\Theta^2}\right] \\ n^{12} &= \frac{+p_w \sin\Theta^1 \operatorname{ch}^4\Theta^2}{3r}\left[-2\operatorname{sh}\Theta^2 + 2\operatorname{ch}\Theta^2 - \frac{\operatorname{sh}\Theta^2}{\operatorname{ch}^2\Theta^2}\right] \\ n^{22} &= \frac{+p_w \cos\Theta^1 \operatorname{ch}^4\Theta^2}{3r}\left[-2\operatorname{sh}\Theta^2 + 2\operatorname{ch}\Theta^2 - \frac{1}{\operatorname{ch}\Theta^2} - \frac{1}{\operatorname{ch}^3\Theta^2}\right]. \end{aligned} \tag{5}$$

Die physikalischen Schnittgrößen $n_{(\alpha\beta)}$ sind in allen Flächenpunkten beschränkt:

$$\begin{aligned} n_{(11)} &= \frac{+p_w r \cos\Theta^1 \operatorname{ch}^2\Theta^2}{3}\left[2\operatorname{sh}\Theta^2 - 2\operatorname{ch}\Theta^2 + \frac{1}{\operatorname{ch}\Theta^2} - \frac{2}{\operatorname{ch}^3\Theta^2}\right] \\ n_{(12)} &= \frac{+p_w r \sin\Theta^1 \operatorname{ch}^2\Theta^2}{3}\left[2\operatorname{ch}\Theta^2 - 2\operatorname{sh}\Theta^2 - \frac{\operatorname{sh}\Theta^2}{\operatorname{ch}^2\Theta^2}\right] \\ n_{(22)} &= \frac{+p_w r \cos\Theta^1 \operatorname{ch}^2\Theta^2}{3}\left[2\operatorname{ch}\Theta^2 - 2\operatorname{sh}\Theta^2 - \frac{1}{\operatorname{ch}\Theta^2} - \frac{1}{\operatorname{ch}^3\Theta^2}\right]. \end{aligned}$$

Das Ergebnis stimmt mit dem in [2] überein und wird auch im Anhang von [18] erwähnt.

Nun soll der Verschiebungszustand der Kugelschale unter Winddruckbelastung berechnet werden. Das zu lösende Differentialgleichungssystem hat die Gestalt

$$\begin{aligned} &\frac{\partial S(\Theta^1,\Theta^2)}{\partial\Theta^1} - \frac{\partial T(\Theta^1,\Theta^2)}{\partial\Theta^2} - \frac{p_w r^3 \cos\Theta^1 (1+\eta)\operatorname{ch}^2\Theta^2}{3E\lambda L}\left\{4\operatorname{sh}\Theta^2 - 4\operatorname{ch}\Theta^2 \right. \\ &\qquad\qquad \left. + \frac{2}{\operatorname{ch}\Theta^2} - \frac{1}{\operatorname{ch}^3\Theta^2}\right\} \\ &\frac{\partial S(\Theta^1,\Theta^2)}{\partial\Theta^2} + \frac{\partial T(\Theta^1,\Theta^2)}{\partial\Theta^1} - \frac{p_w r^3 \sin\Theta^1 (1+\eta)\operatorname{ch}^2\Theta^2}{3E\lambda L}\left\{4\operatorname{ch}\Theta^2 - 4\operatorname{sh}\Theta^2 \right. \\ &\qquad\qquad \left. - \frac{2\operatorname{sh}\Theta^2}{\operatorname{ch}^2\Theta^2}\right\}. \end{aligned} \tag{6}$$

Mit der nach der LIE-Reihen-Methode gefundenen Lösung ergibt sich nach der Integration das folgende Lösungspaar:

$$\begin{aligned} S(\Theta^1,\Theta^2) &= \frac{p_w r^3 (1+\eta)\sin\Theta^1}{3E\lambda L}\{\operatorname{sh}\Theta^2\operatorname{ch}\Theta^2(\operatorname{ch}\Theta^2 - \operatorname{sh}\Theta^2) \\ &\qquad + \operatorname{ch}\Theta^2(\Theta^2 - \ln\operatorname{ch}\Theta^2) + 2\operatorname{sh}\Theta^2\} + K_1 \\ T(\Theta^1,\Theta^2) &= \frac{p_w r^3 (1+\eta)\cos\Theta^1}{3E\lambda L}\{\operatorname{sh}\Theta^2\operatorname{ch}\Theta^2(\operatorname{ch}\Theta^2 - \operatorname{sh}\Theta^2) \\ &\qquad + \operatorname{sh}\Theta^2(\Theta^2 - \ln\operatorname{ch}\Theta^2) + 2\operatorname{sh}\Theta^2\} + K_2 \end{aligned} \tag{7}$$

mit zunächst willkürlichen Konstanten K_1, K_2.

Sollen die aus (7) resultierenden Verschiebungskomponenten v_1 und v_2 auf dem Kreise $\Theta^2 = 0$ verschwinden, so muß $K_1 = K_2 = 0$ gewählt werden. Nach (Abschnitt 1.1.4, Gl. (23)) läßt sich auch die Verschiebung in Normalenrichtung bestimmen:

$$v_1 = \frac{p r^3 (1+\eta) \sin \Theta^1}{3 E \lambda L} \left\{ \operatorname{sh} \Theta^2 (1 - \operatorname{tgh} \Theta^2) + \frac{\Theta^2 - \ln \operatorname{ch} \Theta^2}{\operatorname{ch} \Theta^2} + 2 \frac{\operatorname{sh} \Theta^2}{\operatorname{ch}^2 \Theta^2} \right\}$$

$$v_2 = \frac{p r^3 (1+\eta) \cos \Theta^1}{3 E \lambda L} \left\{ \operatorname{sh} \Theta^2 (1 - \operatorname{tgh} \Theta^2) + \operatorname{tgh} \Theta^2 \frac{(\Theta^2 - \ln \operatorname{ch} \Theta^2)}{\operatorname{ch} \Theta^2} + 2 \frac{\operatorname{sh} \Theta^2}{\operatorname{ch}^2 \Theta^2} \right\}$$

$$w = \frac{p r^2 (1+\eta) \cos \Theta^1}{3 E \lambda L} \left\{ \operatorname{ch} \Theta^2 - \operatorname{sh} \Theta^2 - \frac{(\eta + 4)}{(1+\eta) \operatorname{ch} \Theta^2} - \frac{\Theta^2 - \ln \operatorname{ch} \Theta^2}{\operatorname{ch} \Theta^2} \right\}$$

mit $p = p_w$.

Die Kenntnis dieser Funktionen erlaubt die Beschreibung des Verschiebungszustandes nach der sogenannten Membrantheorie. Auf den gefundenen Ergebnissen aufbauend läßt sich nun auch eine biegetheoretische Behandlung des Problems mit Hilfe des in (Abschnitt 1.1.4) entwickelten Iterationsverfahrens durchführen. Nach (Abschnitt 1.1.4, Gl. (12)) lassen sich die Komponenten des zweiten Verzerrungstensors $\omega_{\alpha\beta}$ berechnen, danach wird dann mit (Abschnitt 1.1.4, Gl. (13)) der Momententensor und als dessen kovariante Ableitung der Querkraftvektor bestimmt. Mit ihm sind alle Größen in der ersten Näherungsstufe bekannt und durch erneute Lösung eines Systems (Abschnitt 1.1.4, Gl. (27)) (diesmal gehen die Querkräfte in die Störfunktion Φ_i ein) können die Tensoren und Vektoren der zweiten Nährungsstufe errechnet werden.

1.3.2 Das Rotationsellipsoid unter Normaldruckbelastung

Eine ausführliche Behandlung dieses Problems ist in [11] zu finden. Dort wird mit Hilfe der Methode der Störungsrechnung eine Partikulärlösung des Spannungszustandes in der zweiten Näherungsstufe gefunden. Das Ergebnis wird ausführlich diskutiert. Der Nachteil der dort durchgeführten Berechnung besteht jedoch darin, das bei der Bestimmung aller Spannungsfunktionen und Verschiebungen die rotationssymmetrische Eigenschaft der Fläche ausgenutzt wurde. In diesem Falle entarten die auftretenden Systeme (Abschnitt 1.1.4, Gl. (27)) und werden elementar integrierbar. Damit ist eine Verallgemeinerung der Aufgabenstellung – nämlich die biegetheoretische Behandlung einer allgemeinen Ellipsoidschale unter Normaldruck – nicht möglich. Dagegen ist aus [21] eine singularitätenfreie Membranlösung dieses Problems bekannt und analog zu dem Gang der nachfolgenden Berechnung des Spannungszustandes für das Rotationsellipsoid läßt sich die Biegetheorie einer allgemeinen Ellipsoidschale unter Normaldruck betreiben.

Der Betrachtung wird die folgende GAUSSsche Parameterdarstellung eines Rotationsellipsoides zugrunde gelegt:

$$\mathfrak{r}(\Theta^1, \Theta^2) = \left\{\frac{a \cos \Theta^1}{\operatorname{ch} \Theta^2}, \frac{a \sin \Theta^1}{\operatorname{ch} \Theta^2}, b \frac{\operatorname{sh} \Theta^2}{\operatorname{ch} \Theta^2}\right\}, \tag{1}$$

wobei $0 \leqq \Theta^1 < 2\pi$, $-\infty \leqq \Theta^2 \leqq +\infty$ gilt. Stützkurve, längs der die Randwerte vorzuschreiben sind, sei die Äquatorellipse $\Theta^2 = 0$. Um eine Übereinstimmung mit den Ergebnissen in [11] zu erhalten, sollten stets die nachstehenden Äquivalenzen beachtet werden:

$$\begin{aligned} &\sin \xi && \text{entspricht hier} && \frac{1}{\operatorname{ch} \Theta^2} \\ &\cos \xi && \text{entspricht hier} && \frac{\operatorname{sh} \Theta^2}{\operatorname{ch} \Theta^2} \\ &-d\xi && \text{entspricht hier} && \frac{d\Theta^2}{\operatorname{ch} \Theta^2}. \end{aligned} \tag{2}$$

Der Einfachheit halber wird noch $a = \tau^2$ und $b = \tau$ gesetzt, was der Wahl des kleinsten Krümmungskreises der Ellipse als charakteristische Längeneinheit entspricht.

Mit den Abkürzungen

$$\bar{\tau} = \frac{1}{\tau}, \quad e^2 = 1 - \tau^2 \quad \text{und} \quad \alpha^2 = \frac{\operatorname{sh}^2 \Theta^2 + \bar{\tau}^2}{\operatorname{ch}^2 \Theta^2}$$

lassen sich nach (1.1.2) die geometrischen Größen berechnen:

$$a_{11} = \frac{\tau^4}{\operatorname{ch}^2 \Theta^2}, a_{12} = 0, a_{22} = \frac{\tau^4 \alpha^2}{\operatorname{ch}^2 \Theta^2}; a = \frac{\tau^8 \alpha^2}{\operatorname{ch}^4 \Theta^2}$$

$$a^{11} = \frac{\operatorname{ch}^2 \Theta^2}{\tau^4}, a^{12} = 0, a^{22} = \frac{\operatorname{ch}^2 \Theta^2}{\alpha^2 \tau^4}$$

$$b_{11} = \frac{-\tau}{\alpha \operatorname{ch}^2 \Theta^2}, b_{12} = 0, b_{22} = \frac{-\tau}{\alpha \operatorname{ch}^2 \Theta^2}$$

$$b_1^1 = -\frac{\bar{\tau}^3}{\alpha}, b_2^1 = 0, b_2^2 = -\frac{\bar{\tau}^3}{\alpha^3}$$

$$\Gamma_{11}^1 = 0, \Gamma_{12}^1 = -\operatorname{tgh} \Theta^2, \Gamma_{11}^2 = \frac{\operatorname{tgh} \Theta^2}{\alpha^2}, \Gamma_{22}^1 = 0, \Gamma_{12}^2 = 0,$$

$$\Gamma_{22}^2 = \frac{\operatorname{tgh} \Theta^2}{\alpha^2 \operatorname{ch}^2 \Theta^2} [1 - \operatorname{sh}^2 \Theta^2 - 2\bar{\tau}^2]$$

$$H^{1111} = \frac{\operatorname{ch}^4 \Theta^2}{\tau^8}, H^{2222} = \frac{\operatorname{ch}^4 \Theta^2}{\alpha^4 \tau^8}, H^{1122} = \frac{\eta \operatorname{ch}^4 \Theta^2}{\alpha^2 \tau^8}, H^{1212} = \frac{(1-\eta) \operatorname{ch}^4 \Theta^2}{2\alpha^2 \tau^8},$$

$$H^{1112} = 0, H^{2221} = 0$$

$$\overset{*}{H}_{1111} = \frac{\tau^8}{\operatorname{ch}^4 \Theta^2}, \overset{*}{H}_{2222} = \frac{\tau^8 \alpha^4}{\operatorname{ch}^4 \Theta^2}, \overset{*}{H}_{1122} = \frac{-\eta \tau^8 \alpha^2}{\operatorname{ch}^4 \Theta^2}, \overset{*}{H}_{1212} = \frac{(1+\eta) \alpha^2 \tau^8}{2 \operatorname{ch}^4 \Theta^2},$$

$$\overset{*}{H}_{1112} = 0, \overset{*}{H}_{2221} = 0$$

und nach (1.14.28–29) ergibt sich:

$$\sigma_n = \frac{\tau^6 \sqrt{\tau}\, \alpha}{\mathrm{ch}^4\, \Theta^2} \qquad v = \frac{\mathrm{ch}^2\, \Theta^2}{\tau^2 \sqrt{\tau}}\,.$$

Die Schale soll unter Normaldruck belastet sein: $p^3 = -Lp$. Das aus den Gleichgewichtsbedingungen resultierende Differentialgleichungssystem der ersten Näherungsstufe für die Komponenten des Spannungstensors nimmt mit

$$\frac{p^3}{\mathfrak{b}} = \frac{pL\alpha\, \mathrm{ch}^2\, \Theta^2}{\tau}$$

die folgende Gestalt an:

$$\begin{aligned} &\frac{\partial S(\Theta^1, \Theta^2)}{\partial \Theta^1} - \frac{\partial T(\Theta^1, \Theta^2)}{\partial \Theta^2} - \frac{pL\tau^5 \sqrt{\tau}\, \mathrm{sh}\, \Theta^2}{\mathrm{ch}^5\, \Theta^2} [3 - \mathrm{sh}^2\, \Theta^2 - 4\, \bar{\tau}^2] = 0 \\ &\frac{\partial S(\Theta^1, \Theta^2)}{\partial \Theta^2} + \frac{\partial T(\Theta^1, \Theta^2)}{\partial \Theta^1} = 0\,. \end{aligned} \tag{3}$$

Dieses System ist vom Typus (Abschnitt 1.1.4, Gl. (27)) und daher mittels verallgemeinerter LIE-Reihen zu lösen. Unter Verwendung von (Abschnitt 1.2, Gl. (18)) und bei Beachtung von (Abschnitt 1.14 Gl. (28)) ergeben sich die Komponenten $n^{\alpha\beta}$:

$$\begin{aligned} n^{11} &= \frac{-p[\mathrm{ch}^2\, \Theta^2 - 2 + 2\,\tau^2]}{2\,\tau\alpha} \\ n^{12} &= 0 \\ n^{22} &= \frac{p\, \mathrm{ch}^2\, \Theta^2}{2\,\tau\alpha}\,. \end{aligned} \tag{4}$$

Die vorgegebenen Werte $S(\Theta^1, 0)$, $T(\Theta^1, 0)$ werden wie in (Abschnitt 1.3.1) so gewählt, daß die physikalischen Schnittkräfte $n_{(\alpha\beta)}$ nach (Abschnitt 1.1.3, Gl. (1 a)) in allen Flächenpunkten endlich sind, insbesondere in den Punkten $\Theta^2 = +\infty$ und $\Theta^2 = -\infty$:

$$\begin{aligned} n_{(11)} &= \frac{p\tau^3}{2\,\alpha}(1 - 2\,\alpha^2) \\ n_{(12)} &= 0 \\ n_{(22)} &= \frac{-p\tau^3\alpha}{2}\,. \end{aligned} \tag{5}$$

Der Ermittlung des Verformungszustandes der Schale dient das System (Abschnitt 1.1.4, Gl. (27)) für die Verschiebungen. Es lautet hier

$$\begin{aligned} &\frac{\partial S(\Theta^1, \Theta^2)}{\partial \Theta^1} - \frac{\partial T(\Theta^1, \Theta^2)}{\partial \Theta^2} - \frac{p\tau^4 \sqrt{\tau}}{2\,E\lambda\alpha\, \mathrm{ch}^4\, \Theta^2} \{[1 + 2\,\eta\, \mathrm{sh}^2\, \Theta^2] \\ &\qquad + 2\,\bar{\tau}^2[\eta(1 - \mathrm{sh}^2\, \Theta^2) - 1] + \bar{\tau}^4(1 - 2\,\eta)\} = 0 \\ &\frac{\partial S(\Theta^1, \Theta^2)}{\partial \Theta^2} + \frac{\partial T(\Theta^1, \Theta^2)}{\partial \Theta^1} = 0\,. \end{aligned} \tag{6}$$

Die Lösungsfunktionen $S(\Theta^1, \Theta^2)$, $T(\Theta^1, \Theta^2)$ werden nach (Abschnitt 1.2, Gl. (18)) bestimmt. Die dabei verwendeten Werte $S(\Theta^1, 0)$, $T(\Theta^1, 0)$ darf man wiederum nicht beliebig vorgeben, weil sonst die aus dem Lösungspaar resultierenden Verschiebungen nicht in allen Flächenpunkten endlich würden.

Mit $S(\Theta^1, 0) = T(\Theta^1, 0) = 0$ ergibt sich:

$$S(\Theta^1, \Theta^2) = 0$$

$$T(\Theta^1, \Theta^2) = -\frac{p\tau^4 \sqrt{\tau}\, e^2}{4\, E\lambda L} \left\{ (2\,\eta - 1)\, \alpha \operatorname{tgh} \Theta^2 \right. \tag{7}$$

$$\left. - \frac{[2 + \bar{\tau}^2(2\,\eta - 1)]}{e} \ln \frac{\alpha - e \operatorname{tgh} \Theta^2}{\bar{\tau}} \right\}.$$

Zunächst werden mit Hilfe von (1.1.4.29), (1.1.4.22) die ersten Näherungsstufen von $\overset{(0)}{v}_\alpha$ und $\overset{(0)}{w}$ berechnet:

$$\overset{(0)}{v}_1 = 0 \tag{8}$$

$$\overset{(0)}{v}_2 = \frac{-p\tau^7}{4\, E\lambda L \operatorname{ch}^2 \Theta^2} \left\{ (2\,\eta - 1)\, e^2 \alpha \operatorname{tgh} \Theta^2 - e[2 + \bar{\tau}^2(2\,\eta - 1)] \ln \frac{\alpha - e \operatorname{tgh} \Theta^2}{\bar{\tau}} \right\}$$

$$\overset{(0)}{w} = \frac{p\tau^6}{4\, E\lambda L} \left\{ [2 + (2\,\eta - 1)\, \bar{\tau}^2] \left[1 + \frac{e \operatorname{tgh} \Theta^2}{\alpha} \ln \frac{\alpha - e \operatorname{tgh} \Theta^2}{\bar{\tau}} \right] - 3\,\alpha^2 \right\}. \tag{9}$$

Aus (8) und (9) ist leicht ersichtlich, daß wie gefordert die Verschiebungen in allen Flächenpunkten beschränkt sind. Es läßt sich zeigen, daß das Ergebnis für die Gesamtdehnung der Schale mit jenem in [11] übereinstimmt:

$$\delta_M = [w(+\infty) + w(-\infty)]\, L = \frac{-p\tau^6}{2\, E\lambda} \left[[1 + (1 - 2\,\eta)\, \bar{\tau}^2 - e \ln \frac{1 - e}{1 + e} \right].$$

Die Komponenten des zweiten Verzerrungstensors $\overset{(0)}{\omega}_{\alpha\beta}$ werden zur Berechnung der Momente benötigt. Für sie erhält man nach (Abschnitt 1.1.4, Gl. (12))

$$\overset{(0)}{\omega}_{11} = \frac{-p\tau^6 e^2 \operatorname{tgh}^2 \Theta^2}{2\, E\lambda L \alpha^4 \operatorname{ch}^2 \Theta^2} (1 + 3\,\alpha^2)$$

$$\overset{(0)}{\omega}_{12} = \overset{(0)}{\omega}_{21} = 0 \tag{10}$$

$$\overset{(0)}{\omega}_{22} = \frac{-p\tau^6}{2\, E\lambda L \operatorname{ch}^2 \Theta^2} \left[6\,\alpha^2 + \frac{(1 + \bar{\tau}^2)}{\alpha^2} - \frac{2\,\bar{\tau}^2}{\alpha^4} - 3\,(1 + \bar{\tau}^2) \right.$$

$$\left. + \frac{(1 + 3\,\alpha^2)\, e^4 \operatorname{tgh}^2 \Theta^2}{\alpha^4 \operatorname{ch}^2 \Theta^2} \right].$$

Die Momente werden gemäß (Abschnitt 1.1.4, Gl. (13)) bestimmt:

$$\overset{(0)}{m}{}^{11} = \frac{p\bar{\tau}^2 \operatorname{ch}^2 \Theta^2}{2(1-\eta^2)} \left\{ 3\eta \frac{\bar{\tau}^2}{\alpha^6} + \frac{(1+\eta)\bar{\tau}^2 - 2\eta}{\alpha^4} + \frac{\eta - (1-3\bar{\tau}^2)}{\alpha^2} - 3(1+\eta) \right\}$$

$$\overset{(0)}{m}{}^{12} = \overset{(0)}{m}{}^{21} = 0 \tag{11}$$

$$\overset{(0)}{m}{}^{22} = \frac{p\bar{\tau}^2 \operatorname{ch}^2 \Theta^2}{2(1-\eta^2)\alpha^2} \left\{ 3\frac{\bar{\tau}^2}{\alpha^6} + \frac{(1+\eta)\bar{\tau}^2 - 2}{\alpha^4} + \frac{1-\eta(1-3\bar{\tau}^2)}{\alpha^2} - 3(1+\eta) \right\}.$$

Aus ihnen ergibt sich durch kovariante Ableitung der Querkrafttensor 1. Stufe:

$$\overset{(0)}{q}{}^{1} = 0$$

$$\overset{(0)}{q}{}^{2} = \frac{p\bar{\tau}^2 e^2 \operatorname{tgh} \Theta^2}{2(1-\eta)^2 \alpha^2} \left[18\frac{\bar{\tau}^2}{\alpha^8} + \frac{(7+\eta)\bar{\tau}^2 - 8}{\alpha^6} + \frac{3(1+\eta)\bar{\tau}^2}{\alpha^4} \right]. \tag{12}$$

Die physikalischen Schnittmomente lassen sich aus (Abschnitt 1.1.3, Gl. (1a)) herleiten:

$$\overset{(0)}{m}{}_{(11)} = \frac{p\tau^2 L}{2(1-\eta^2)} \left[3\eta \frac{\bar{\tau}^2}{\alpha^6} + \frac{(1+\eta)\bar{\tau}^2 - 2\eta}{\alpha^4} + \frac{\eta - (1-3\bar{\tau}^2)}{\alpha^2} - 3(1+\eta) \right]$$

$$\overset{(0)}{m}{}_{(12)} = \overset{(0)}{m}{}_{(21)} = 0 \tag{13}$$

$$\overset{(0)}{m}{}_{(22)} = \frac{p\tau^2 L}{2(1-\eta^2)} \left[3\frac{\bar{\tau}^2}{\alpha^6} + \frac{(1+\eta)\bar{\tau}^2 - 2}{\alpha^4} + \frac{1-(1-3\bar{\tau}^2)\eta}{\alpha^2} - 3(1+\eta) \right].$$

Somit wären sämtliche Schnittreaktionen und Verschiebungskomponenten in der ersten Näherungsstufe bekannt. Setzt man $k = 1$ in (Abschnitt 1.1.4, Gl. (15–16)), so erhält man das System (Abschnitt 1.1.4, Gl. (27)) zur Berechnung der Spannungskomponenten der zweiten Näherungsstufe. In die Störfunktion Φ_i gehen nun die Querkräfte der ersten Näherung ein. Das System lautet nun:

$$\begin{aligned} &\frac{\partial S(\Theta^1, \Theta^2)}{\partial \Theta^1} - \frac{\partial T(\Theta^1, \Theta^2)}{\partial \Theta^2} - \frac{p\tau^3 \sqrt{\tau}\, e^2}{(1-\eta^2)} \Bigg\{ \frac{\operatorname{tgh} \Theta^2}{\alpha^8 \operatorname{ch}^4 \Theta^2} \\ &\quad \cdot [\bar{\tau}^2 - 3\operatorname{sh}^2\Theta^2 - e^2 \operatorname{tgh}^2 \Theta^2] \left[18\frac{\bar{\tau}^2}{\alpha^4} + \frac{(7+\eta)\bar{\tau}^2 - 8}{\alpha^2} + \frac{3(1+\eta)}{\tau^2} \right] \\ &\quad + \frac{e^2 \operatorname{tgh} \Theta^2}{\alpha^8 \operatorname{ch}^6 \Theta^2} (\bar{\tau}^2 - 2\operatorname{sh}^2\Theta^2) \left[126\frac{\bar{\tau}^2}{\alpha^4} + 5\frac{(7+\eta)\bar{\tau}^2 - 8}{\alpha^2} + 3\frac{(5+\eta)}{\tau^2} \right] \\ &\quad - \frac{e^2 \operatorname{tgh} \Theta^2}{\alpha^{10} \operatorname{ch}^6 \Theta^2} \Bigg[(\operatorname{sh}^2\Theta^2 - \alpha^2) \left[36\frac{\bar{\tau}^2}{\alpha^2} + (7+\eta)\bar{\tau}^2 - 8 \right] \\ &\quad + e^2 \operatorname{tgh}^2 \Theta^2 \left[252\frac{\bar{\tau}^2}{\alpha^2} + 5(7+\eta)\bar{\tau}^2 - 40 \right] \Bigg] \Bigg\} = 0 \end{aligned} \tag{14}$$

$$\frac{\partial S(\Theta^1, \Theta^2)}{\partial \Theta^2} + \frac{\partial T(\Theta^1, \Theta^2)}{\partial \Theta^1} = 0$$

und besitzt die Lösung

$$S(\Theta^1, \Theta^2) = 0$$

$$T(\Theta^1, \Theta^2) = -\frac{p\tau^3\sqrt{\tau}\,e^2}{2(1-\eta^2)\alpha^2 \operatorname{ch}^4\Theta^2}\left\{(\operatorname{sh}^2\Theta^2 - \alpha^2)\left[18\frac{\bar{\tau}^2}{\alpha^8} + \frac{(7+\eta)\bar{\tau}^2 - 8}{\alpha^6}\right.\right.$$
$$\left. + 3(1+\eta)\frac{\bar{\tau}^2}{\alpha^4}\right] + e^2\left[126\frac{\bar{\tau}^2}{\alpha^8} + 5\frac{(7+\eta)\bar{\tau}^2 - 8}{\alpha^6}\right. \tag{15}$$
$$\left.\left. + 3(5+\eta)\frac{\bar{\tau}^2}{\alpha^4}\right]\operatorname{tgh}^2\Theta^2\right\}.$$

Die daraus folgenden Spannungskomponenten

$$\overset{(1)}{n}{}^{11} = -\frac{p\bar{\tau}^3 e^2}{2(1-\eta^2)\alpha^3}\left\{(\operatorname{sh}^2\Theta^2 - \alpha^2)\left[18\frac{\bar{\tau}^2}{\alpha^8} + \frac{(7+\eta)\bar{\tau}^2 - 8}{\alpha^6} + 3(1+\eta)\frac{\bar{\tau}^2}{\alpha^4}\right]\right.$$
$$\left. + e^2\left[126\frac{\bar{\tau}^2}{\alpha^8} + 5\frac{(7+\eta)\bar{\tau}^2 - 8}{\alpha^6} + 3(5+\eta)\frac{\bar{\tau}^2}{\alpha^4}\right]\frac{\operatorname{sh}^2\Theta^2}{\operatorname{ch}^2\Theta^2}\right\} \tag{16}$$

$$\overset{(1)}{n}{}^{12} = 0$$

$$\overset{(1)}{n}{}^{22} = -\frac{p\bar{\tau}^3 e^2 \operatorname{sh}^2\Theta^2}{\alpha^3(1-\eta^2)\operatorname{ch}^4\Theta^2}\left\{18\frac{\bar{\tau}^2}{\alpha^8} + \frac{(7+\eta)\bar{\tau}^2 - 8}{\alpha^6} + 3(1+\eta)\frac{\bar{\tau}^2}{\alpha^4}\right\}$$

und nach (Abschnitt 1.1.3, Gl. (1a)) auch die physikalischen Schnittgrößen

$$\overset{(1)}{n}_{(11)} = -\frac{p\tau e^2}{2(1-\eta^2)\alpha^3}\left\{\frac{(\operatorname{sh}^2\Theta^2 - \alpha^2)}{\operatorname{ch}^2\Theta^2}\left[18\frac{\bar{\tau}^2}{\alpha^8} + \frac{(7+\eta)\bar{\tau}^2 - 8}{\alpha^6} + 3(1+\eta)\frac{\bar{\tau}^2}{\alpha^4}\right]\right.$$
$$\left. + e^2\left[126\frac{\bar{\tau}^2}{\alpha^8} + 5\frac{(7+\eta)\bar{\tau}^2 - 8}{\alpha^6} + 3(5+\eta)\frac{\bar{\tau}^2}{\alpha^4}\right]\frac{\operatorname{tgh}^2\Theta^2}{\operatorname{ch}^2\Theta^2}\right\}$$

$$\overset{(1)}{n}_{(12)} = 0 \tag{17}$$

$$\overset{(1)}{n}_{(22)} = -\frac{p\tau e^2 \operatorname{tgh}^2\Theta^2}{2(1-\eta^2)\alpha^5}\left\{18\frac{\bar{\tau}^2}{\alpha^4} + \frac{(7+\eta)\bar{\tau}^2 - 8}{\alpha^2} + 3(1+\eta)\bar{\tau}^2\right\}$$

stimmen mit den Ergebnissen in [11] überein.

1.3.3 Numerische Auswertung

Die unter Winddruck belastete Kugelschale wird gemäß (Abschnitt 1.3.1, Gl. (1)) auf einen Streifen der Θ^1-, Θ^2-Ebene abgebildet. Zur axonometrischen Darstellung der Ergebnisse aus (1.3.1) wird zweckmäßig eine Koordinatentransformation durchgeführt:

$$\bar{\Theta}^1 = \Theta^1$$
$$e_3 = r \cdot \operatorname{tgh}\Theta^2.$$

Aus Abb. 4 ist ersichtlich, wie sich ein Achtel der Kugelfläche eindeutig auf ein Rechteck der Θ^1-, e_3-Ebene abbildet. Über diesem Rechteck werden die errechneten physikalischen Schnittkräfte $\overset{(0)}{n}_{(\alpha\beta)}$ und die Verschiebungen $\overset{(0)}{v}_\alpha$ axonometrisch dargestellt (Abb. 5, 6 und 7). Bei der Berechnung wurden folgende Werte für die verwendeten Konstanten zugrunde gelegt:

$$r = 1 \qquad \frac{(1+\eta)}{E\lambda L} = 0{,}62 \qquad \eta = 0{,}3\ , \qquad p_w = 1$$

woraus sich entnehmen läßt, daß die Ergebnisse zur Anwendung im Einzelfall noch mit Faktoren zu multiplizieren sind, die von der Windgeschwindigkeit und dem verwendeten Material abhängig sind.

Die unter Normaldruck belastete Fläche eines Rotationsellipsoides wird nach (Abschnitt 1.3.2, Gl. (1)) auf einen 2π-breiten Streifen der Θ^1-, Θ^2-Ebene bezogen. Weil alle Ergebnisse vom Parameter Θ^1 unabhängig sind, kann auf die Darstellung in axonometrischen Bildern verzichtet werden. Für verschiedene Werte τ^2 des Verhältnisses der Hauptachsen der rotierenden Ellipse wurden die Schnittreaktionen $\overset{(0)}{n}_{(\alpha\beta)}$, $\overset{(0)}{v}_\alpha$, $\overset{(0)}{m}_{\alpha\beta}$, $\overset{(0)}{q}{}^\alpha$, $\overset{(1)}{n}_{(\alpha\beta)}$ in Abhängigkeit von ξ aufgetragen (Abb. 9–13). Dabei ist ξ die bei HEUCK [11] verwendete Größe

$$\xi = \text{arc sin}\,(\text{ch}^{-1}\,\Theta^2),$$

welche die »Höhe« der Flächenpunkte kennzeichnet (vgl. Abb. 8), und $\tau = \varepsilon$. Die numerischen Rechnungen wurden auf der Anlage CD 6400 des Rechenzentrums der TH Aachen durchgeführt.

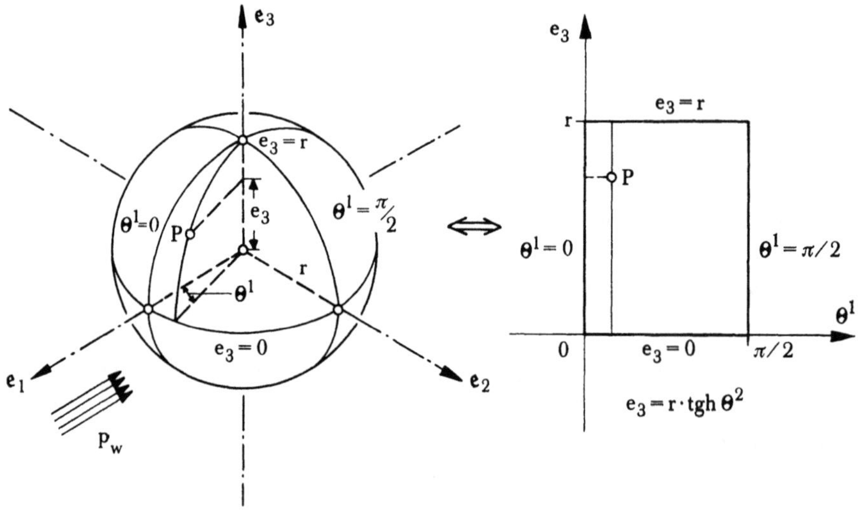

Abb. 4

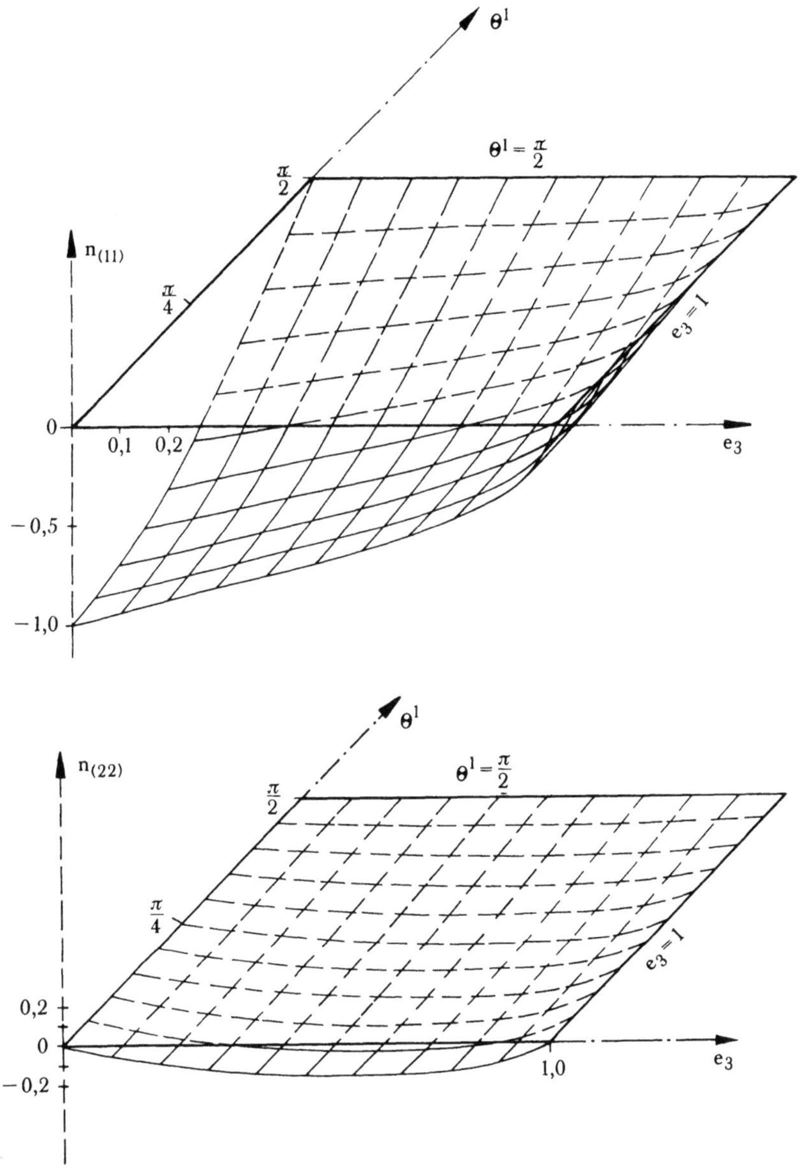

θ^1
$\theta^1 = \frac{\pi}{2}$
$\frac{\pi}{2}$
$n_{(11)}$
$\frac{\pi}{4}$
$e_3 = 1$
0
0,1
0,2
e_3
−0,5
−1,0
θ^1
$n_{(22)}$
$\theta^1 = \frac{\pi}{2}$
$\frac{\pi}{2}$
$\frac{\pi}{4}$
$e_3 = 1$
0,2
0
−0,2
1,0
e_3

Abb. 5

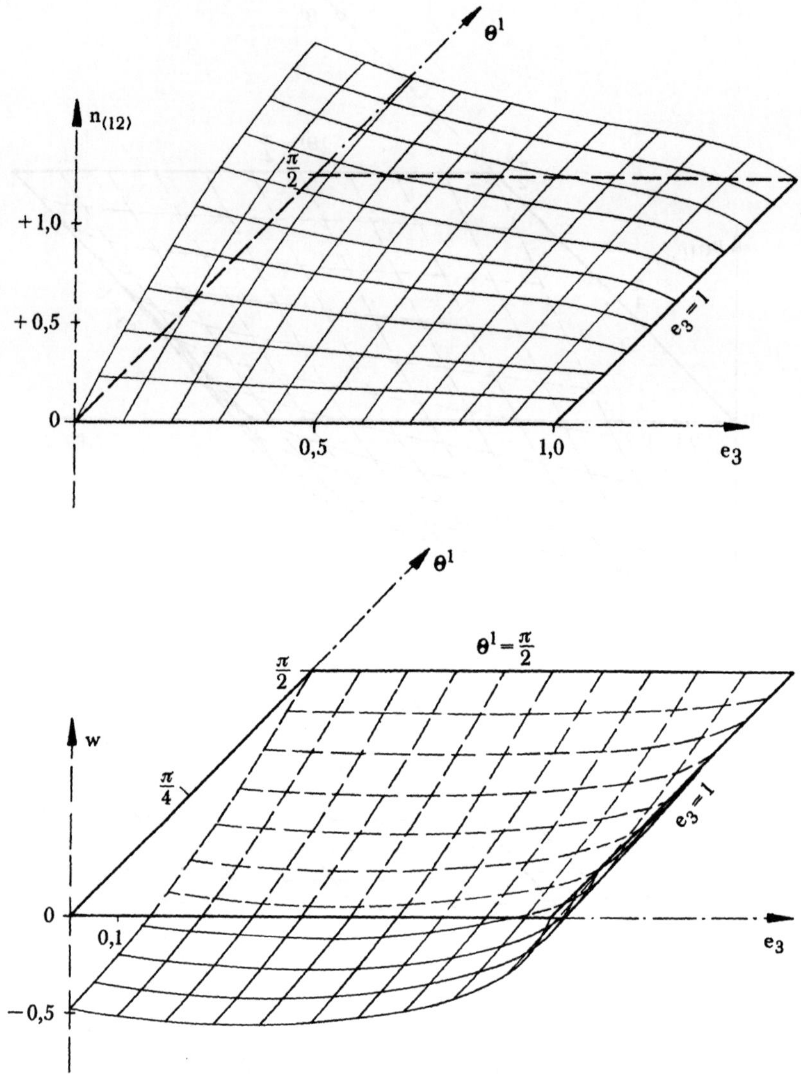
θ^1
$n_{(12)}$
$\frac{\pi}{2}$
+1,0
+0,5
0
0,5
1,0
e_3
$e_3 = 1$
θ^1
$\theta^1 = \frac{\pi}{2}$
$\frac{\pi}{2}$
w
$\frac{\pi}{4}$
$e_3 = 1$
0
0,1
e_3
−0,5

Abb. 6

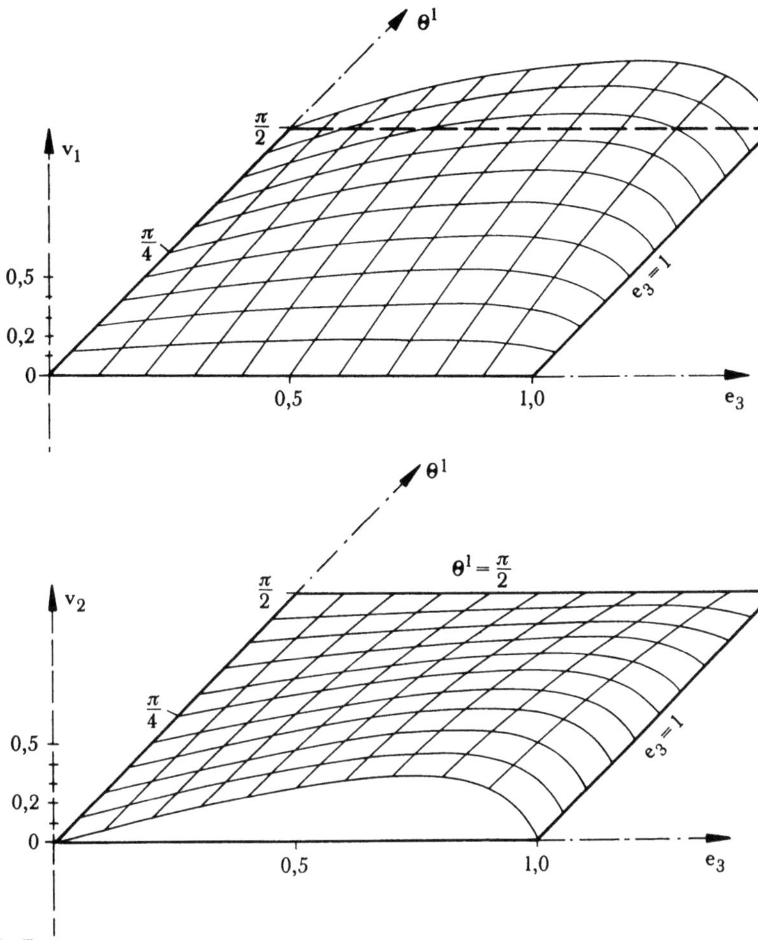
θ¹
v₁
π/2
π/4
0,5
0,2
0
0,5
1,0
e₃
e₃ = 1
θ¹
θ¹ = π/2
v₂
π/2
π/4
0,5
0,2
0
0,5
1,0
e₃
e₃ = 1

Abb. 7

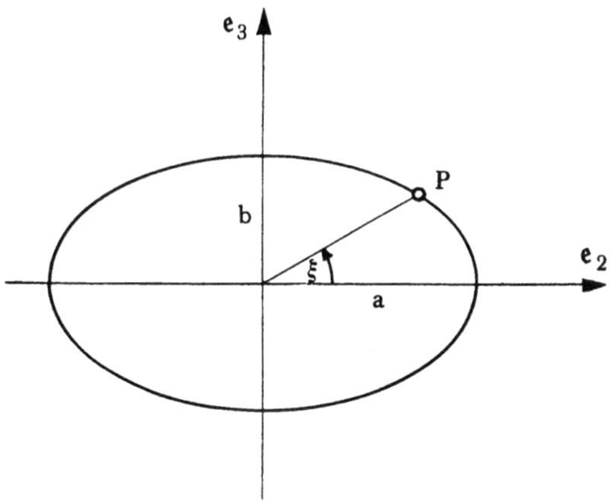
e₃
P
b
ξ
e₂
a

Abb. 8

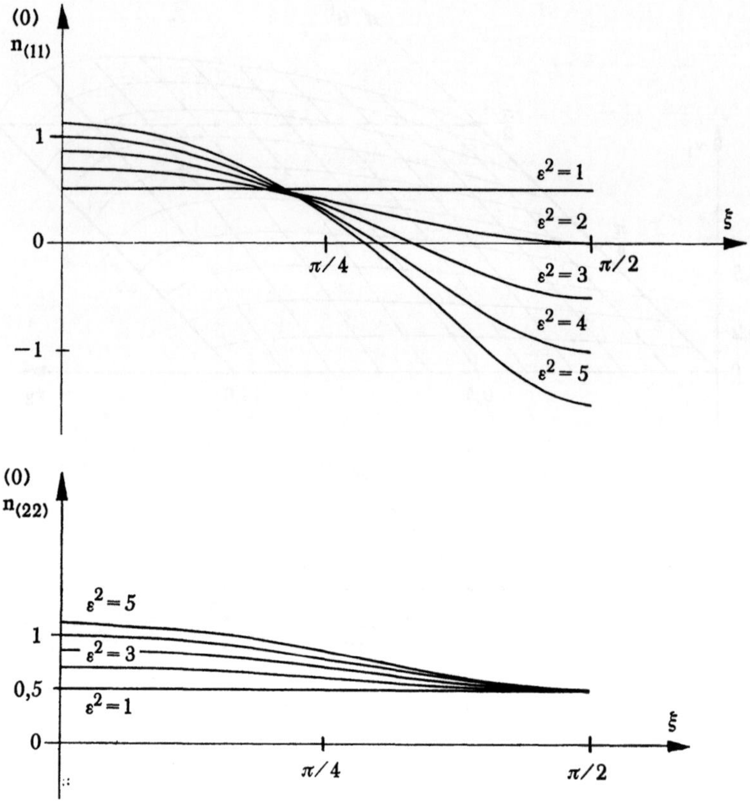

Abb. 9

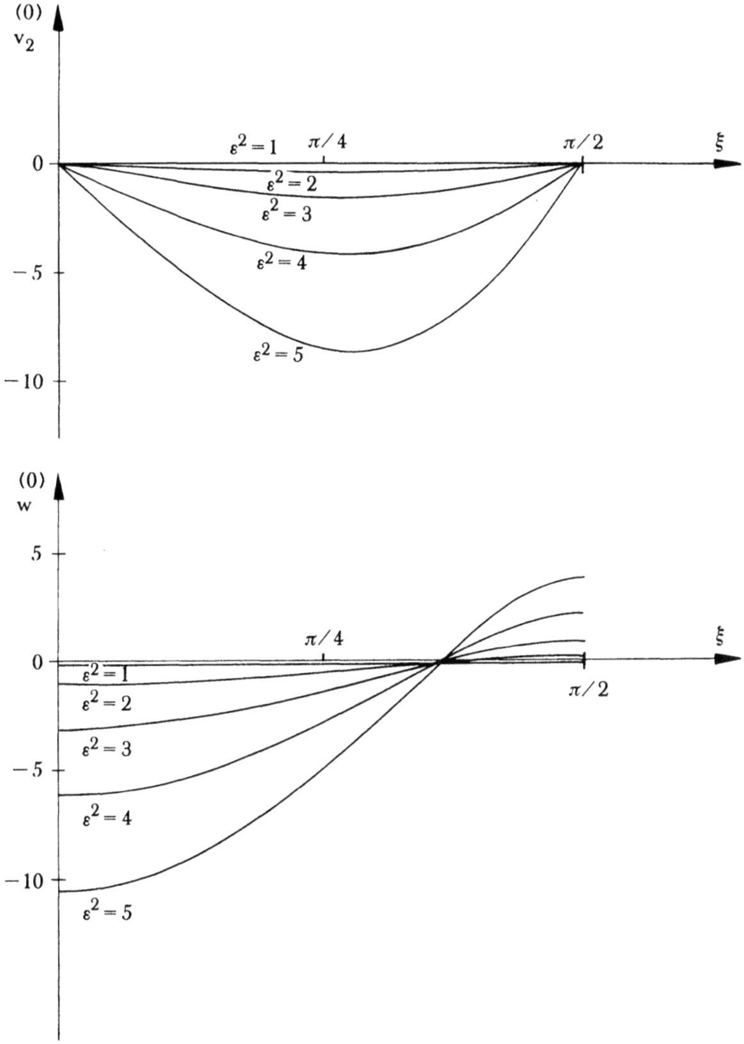
(0)
v_2
0
− 5
− 10
$\varepsilon^2 = 1$
$\pi/4$
$\pi/2$
ξ
$\varepsilon^2 = 2$
$\varepsilon^2 = 3$
$\varepsilon^2 = 4$
$\varepsilon^2 = 5$
(0)
w
5
0
− 5
− 10
$\pi/4$
ξ
$\pi/2$
$\varepsilon^2 = 1$
$\varepsilon^2 = 2$
$\varepsilon^2 = 3$
$\varepsilon^2 = 4$
$\varepsilon^2 = 5$

Abb. 10

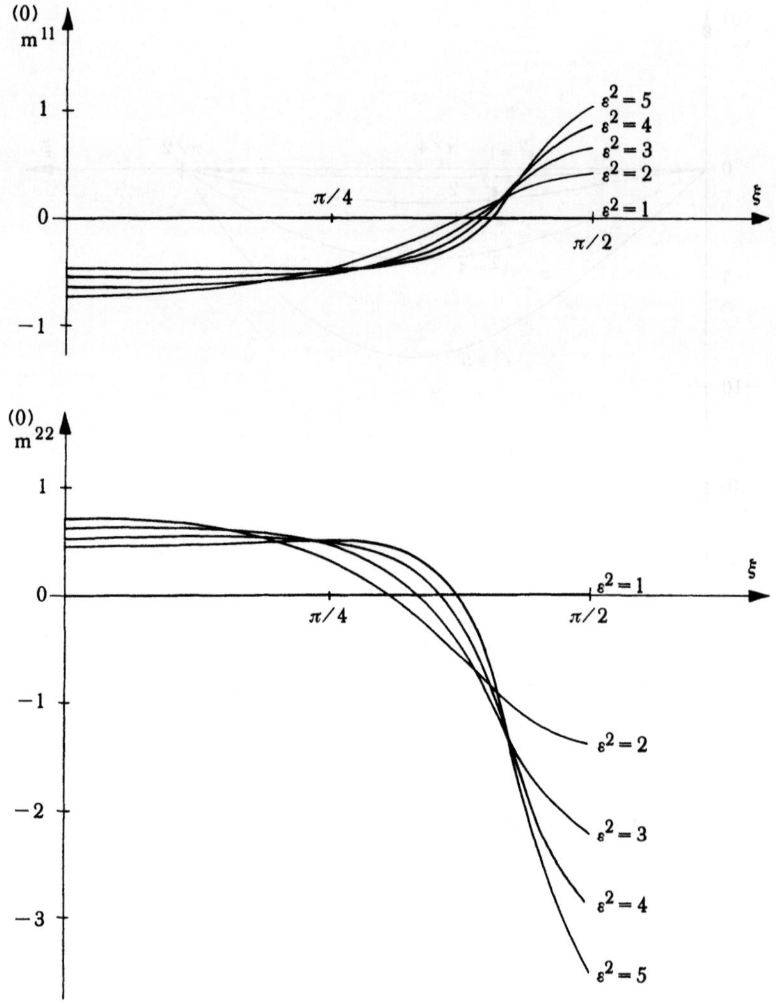

(0)
m 11
1
0
−1
π/4
π/2
ξ
ε² = 5
ε² = 4
ε² = 3
ε² = 2
ε² = 1
(0)
m 22
1
0
−1
−2
−3
π/4
π/2
ξ
ε² = 1
ε² = 2
ε² = 3
ε² = 4
ε² = 5

Abb. 11

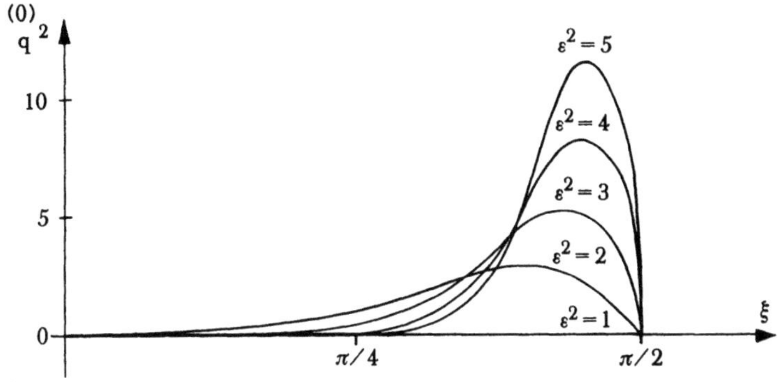

(0)
q 2
10
5
0
ε2 = 5
ε2 = 4
ε2 = 3
ε2 = 2
ε2 = 1
ξ
π/4
π/2

Abb. 12

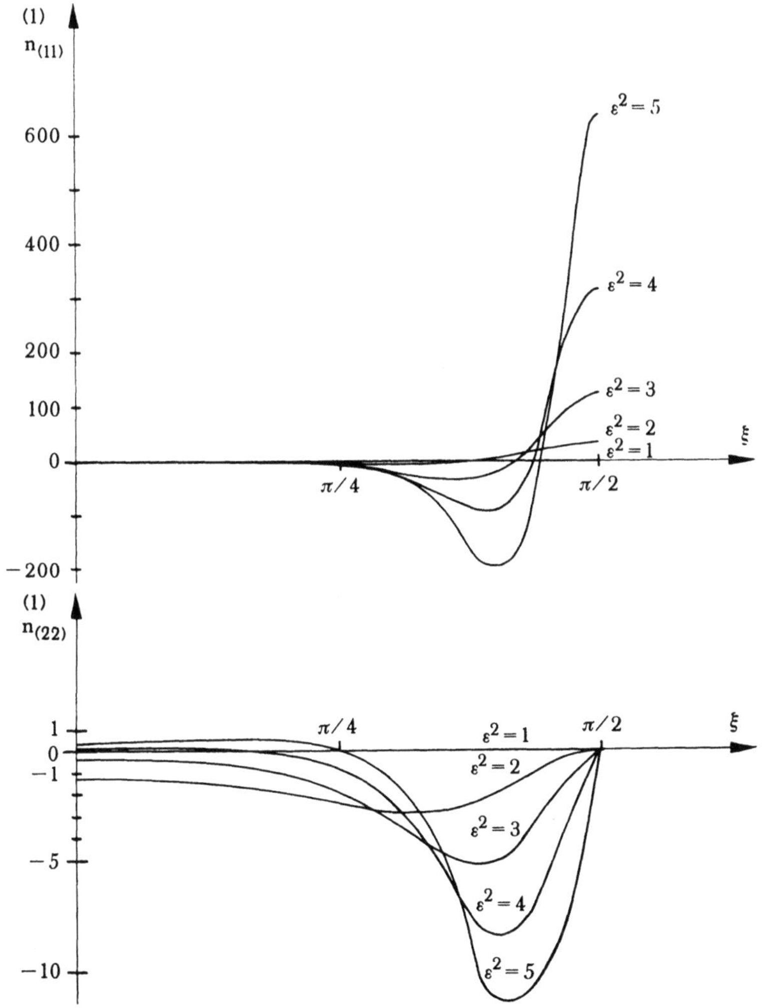

(1)
n(11)
600
400
200
100
0
−200
ε2 = 5
ε2 = 4
ε2 = 3
ε2 = 2
ε2 = 1
ξ
π/4
π/2
(1)
n(22)
1
0
−1
−5
−10
π/4
π/2
ξ
ε2 = 1
ε2 = 2
ε2 = 3
ε2 = 4
ε2 = 5

Abb. 13

2. Auflösung von Gleichungssystemen

2.1 Der Umkehrungssatz

Mit Hilfe der LIE-Reihen kann man ganz allgemein die Aufgabe lösen, ein gegebenes Funktionensystem $Y_i = \varphi_i(X_1, \ldots, X_n)$ nach den Variablen X_k umzukehren, oder die Auflösung eines Gleichungssystems nach den Unbekannten zu finden.

Grundlegend hierfür ist folgender Satz über die Umkehrung analytischer Gleichungssysteme [8].

Satz:

Die Umkehrfunktion eines analytischen Funktionensystems

$$Y_i = \varphi_i(X_1, \ldots, X_n) \qquad (i = 1, \ldots, n) \tag{1}$$

in der Umgebung einer Stelle

$$y = \varphi_i(x_1, \ldots, x_n) \qquad (i = 1, \ldots, n), \tag{2}$$

wo alle Funktionen φ_i holomorph sind, die JAKOBIsche Matrix

$$J = (\varphi_{ik}) \qquad \varphi_{ik} = \frac{\partial \varphi_i}{\partial x_k}$$

regulär ist, und daher eine inverse Matrix

$$J^{-1} = (\check{\varphi}_{ik})$$

existiert, deren Elemente $\check{\varphi}_{ik}$ ebenfalls in dieser Umgebung holomorphe Funktionen sind, wird durch die LIE-Reihen

$$\begin{aligned} X_i &= e^{[(Y_1 - y_1) D_1 + \cdots + (Y_n - y_n) D_n]} \\ &= \sum_{\nu=0}^{\infty} \frac{1}{\nu!} [(Y_1 - y_1) D_1 + \cdots + (Y_n - y_n) D_n]^\nu x_i \qquad (3) \\ &= \sum_{\nu_1 \ldots \nu_n}^{0 \ldots \infty} \frac{(Y_1 - y_1)^{\nu_1} \ldots (Y_n - y_n)^{\nu_n}}{\nu_1! \ldots \nu_n!} D_1^{\nu_1} \ldots D_n^{\nu_n} x_i \\ & \qquad (i = 1, \ldots, n) \end{aligned}$$

dargestellt, die mit den Operatoren

$$D_k = \sum_{j=1}^{n} \check{\varphi}_{jk} \frac{\partial}{\partial x_j} \qquad (k = 1, \ldots, n) \tag{4}$$

gebildet sind. Der Beweis dieses Satzes findet sich in [13]. Er benutzt wesentlich die Eigenschaft der Operatoren D_{12}, vertauschbar zu sein: $D_k D_e = D_e D_k$.

2.2 Anwendungen

2.2.1 *Allgemeines*

Den Satz in (2.1) kann man dazu verwenden, die Nullstellen eines Funktionensystems aufzusuchen.
Ist etwa

$$\varphi_i(X_1 \ldots X_n) = 0 \qquad (i = 1, \ldots, n) \tag{1}$$

das vorliegende Funktionensystem, so schreibt man zunächst wie in (2.1)

$$Y_i = \varphi_i(X_1 \ldots X_n), \tag{2}$$

nimmt ein Wertesystem $x_1, x_2, \ldots, x_n$ [7] und berechnet sich das zugehörige Wertesystem

$$y_i = \varphi_i(x_1 \ldots x_n). \tag{3}$$

Es ist zweckmäßig, $x_1, x_2, \ldots, x_n$ so zu wählen, daß $y_1, y_2, \ldots, y_n$ klein sind. Man kehrt das System (2) mit diesen Parametern als Ausgangswerten nach $X_1 \ldots X_n$ um und bekommt so die Lösungsreihen

$$X_i = (e^{[(Y_1 - y_1)D_1 + \cdots + (Y_n - y_n)D_n]} x_i). \tag{4}$$

Es interessiert hier aber nicht die funktionale Abhängigkeit der X_j von den Y_n, sondern es kommt darauf an, $X_1 \ldots X_n$ so zu bestimmen, daß $Y_i = \varphi_i(X_1 \ldots X_n) = 0$ ist, denn diese X_j sind Nullstellen des Systems (1). Hier erkennt man leicht den Vorteil, das Wertesystem $x_1 \ldots x_n$ so zu wählen, daß die y_i klein sind, denn dann konvergieren die Reihen (4) besser.

Zur expliziten Aufstellung der Lie-Reihe (4) geht man wie folgt vor:
Man berechnet zunächst die Jakobische Matrix J:

$$J = \frac{(\partial\varphi_1 \ldots \partial\varphi_n)}{(\partial X_1 \ldots \partial X_n)} = \begin{pmatrix} \dfrac{\partial\varphi_1}{\partial X_1} & \cdots & \dfrac{\partial\varphi_1}{\partial X_n} \\ \vdots & & \vdots \\ \dfrac{\partial\varphi_n}{\partial X_1} & \cdots & \dfrac{\partial\varphi_n}{\partial X_n} \end{pmatrix}. \tag{5}$$

Dann bildet man die inverse Matrix J^{-1} zu J

$$J^{-1} = \begin{pmatrix} \check{\varphi}_{11}\check{\varphi}_{12} \cdots \check{\varphi}_{1n} \\ \check{\varphi}_{n1}\check{\varphi}_{n2} \cdots \check{\varphi}_{nn} \end{pmatrix}. \tag{6}$$

[7] Von der Wahl dieses Systems hängt es ab, welches Funktionenelement der im allgemeinen mehrdeutigen analytischen Umkehrungsfunktion bei der Rechnung herauskommt. Die Wahl ist zudem so zu treffen, daß die Voraussetzungen des Satzes in (2.1) erfüllt sind.

Jetzt kann man die Operatoren D_k hinschreiben:

$$D_k = \check{\varphi}_{1k} \frac{\partial}{\partial x_1} + \cdots + \check{\varphi}_{nk} \frac{\partial}{\partial x_n} \qquad (k = 1, 2, \ldots, n)$$

oder (7)

$$D_k = \sum_{\alpha=1}^{n} \varphi_{\alpha k} \frac{\partial}{\partial x_\alpha}. \qquad (k = 1, 2, \ldots, n)$$

Die Umkehrung von (2) lautet dann

$$X_k = \sum_{\nu_1 \ldots \nu_n}^{0 \ldots \infty} \frac{(Y_1 - y_1)^{\nu_1} \ldots (Y_n - y_n)^{\nu_n}}{\nu_1! \ldots \nu_n!} D_1^{\nu_1} \ldots D_n^{\nu_n} x_k \,. \tag{8}$$

$$(k = 1, 2, \ldots, n)$$

Berechnet man jetzt diese Reihen, so erhält man

$$\begin{aligned} X_1 &= x_1 + (Y_1 - y_1) D_1 x_1 + (Y_2 - y_2) D_2 x_1 + \cdots + (Y_n - y_n) D_n x_1 + \cdots \\ X_2 &= x_2 + (Y_1 - y_1) D_1 x_2 + (Y_2 - y_2) D_2 x_2 + \cdots + (Y_n - y_n) D_n x_2 + \cdots \\ &\vdots \\ X_n &= x_n + (Y_1 - y_1) D_1 x_n + (Y_2 - y_2) D_2 x_n + \cdots + (Y_n - y_n) D_n x_n + \cdots \end{aligned} \tag{9}$$

Um die Nullstellen von (1) zu finden, setzt man $Y_1 = Y_2 = \ldots = Y_n = 0$.

Nachdem alle vorgeschriebenen Ableitungen gebildet worden sind, dürfen die Parameter $x_1, x_2, \ldots, x_n$ als spezielle, günstig gewählte Anfangswerte aufgefaßt werden.

$X_1, X_2, \ldots, X_n$ sind also die Lösungspunkte; $x_1, x_2, \ldots, x_n$ sind vorgegebene Näherungswerte; $y_1, y_2, \ldots, y_n$ sind Funktionswerte an den Näherungsstellen $x_1, x_2, \ldots, x_n$.

2.2.2 *Die Fälle $n = 1$ und $n = 2$*

Der allgemeine Fall ist schon in (2.2.1) dargestellt worden. Für $n = 1$ und für $x_1 = x$, $\varphi_1 = y$ ergibt sich mit

$$D = \frac{1}{\varphi_1'(x)} \frac{d}{dx} \quad \text{und} \quad \varphi_1'(x) \neq 0$$

bei geeignet gewähltem x für die Nullstelle a der Gleichung $\varphi_1(x) = 0$:

$$\begin{aligned} a &= \sum_{\nu=0}^{\infty} \frac{(-y)^\nu}{\nu!} D^\nu x = \sum_{\nu=0}^{\infty} \frac{(-y)^\nu}{\nu!} \left[\frac{1}{y'} \frac{d}{dx}\right]^\nu x \\ &= x - y D x + \frac{y^2}{2!} D^2 x - \frac{y^3}{3!} D^3 x \\ &= x - \frac{y}{y'} - \frac{y^2 y''}{2 y'^3} + \frac{y^3 (y' y''' - 3 y''^2)}{6 y'^5} + \ldots \end{aligned} \tag{10}$$

Beim Abbrechen mit dem in D linearen Glied erhält man den Sonderfall des Newton-Verfahrens.[8]

Für $n = 2$ erhält man entsprechend mit $x_1 = x$, $x_2 = y$ und $\varphi_1(x_1, x_2) = f(x,y) = 0$, $\varphi_2(x_1, x_2) = g(x,y) = 0$:

$$
\begin{aligned}
D_1 &= \check{\varphi}_{11} \frac{\partial}{\partial x} + \check{\varphi}_{21} \frac{\partial}{\partial y} = \frac{1}{|J|} \left[g_y \frac{\partial}{\partial x} - g_x \frac{\partial}{\partial y} \right] \\
D_2 &= \check{\varphi}_{12} \frac{\partial}{\partial x} + \check{\varphi}_{22} \frac{\partial}{\partial y} = \frac{1}{|J|} \left[-f_y \frac{\partial}{\partial x} + f_x \frac{\partial}{\partial y} \right]
\end{aligned}
\tag{11}
$$

und schließlich für die Lösungen a, b

$$
\begin{aligned}
a &= x - fD_1 x - gD_2 x + \frac{f^2}{2} D_1^2 x + \frac{2fgD_1 D_2 x}{2} + \frac{g^2}{2} D_2^2 x - \frac{f^3}{6} D_1^3 x \\
&\quad + \frac{-3f^2 g D_1^2 D_2 x - 3fg^2 D_1 D_2^2 x}{6} - \frac{f^3}{6} D_2^3 x + \cdots \\
b &= y - fD_1 y - gD_2 y + \frac{f^2}{2} D_1^2 y + \frac{2fgD_1 D_2 y}{2} + \frac{g^2}{2} D_2^2 y - \frac{f^3}{6} D_1^3 x \\
&\quad + \frac{-3f^2 g D_1^2 D_2 y - 3fg^2 D_1 D_2^2 y}{6} - \frac{f^3}{6} D_2^3 x + \cdots
\end{aligned}
\tag{12}
$$

2.3 Beispiel

Die Anwendung soll an einem einfachen Beispiel demonstriert werden. Gesucht seien die gemeinsamen Nullstellen von

$$
\begin{aligned}
\varphi_1(X_1, X_2) &\equiv 2 \operatorname{Sin} X_1 + e^{X_2} = 0 \\
\varphi_2(X_1, X_2) &\equiv 2 \operatorname{Sin} X_2 + e^{X_1} = 0 .
\end{aligned}
\tag{1}
$$

Nach der Vorschrift in (2.2.1) schreibt man zuerst

$$
\begin{aligned}
\varphi_1(X_1, X_2) &= Y_1 \\
\varphi_2(X_1, X_2) &= Y_2 .
\end{aligned}
\tag{2}
$$

Dann berechnet man die JAKOBIsche Matrix J

$$
J = \frac{(\partial\varphi_1, \partial\varphi_2)}{\partial(X_1, \partial X_2)} = \begin{pmatrix} 2 \operatorname{Cof} X_1 & e^{X_2} \\ e^{X_1} & 2 \operatorname{Cof} X_2 \end{pmatrix} = \begin{pmatrix} \varphi_{11} & \varphi_{12} \\ \varphi_{21} & \varphi_{22} \end{pmatrix}, \tag{3}
$$

[8] Auch für n ≧ 2 stellt, wie S. FILIPPI (vgl. [5]) kürzlich gezeigt hat, die LIE-Reihen-Methode von W. GRÖBNER zur numerischen Lösung von nichtlinearen Gleichungssystemen kein neues numerisches Verfahren dar, sondern ist mit dem verallgemeinerten NEWTONschen Iterationsverfahren entsprechend hoher Ordnung identisch.

berechnet die Determinante $\det J = |J|$

$$|J| = 4\,\mathfrak{Cof}\,X_1\,\mathfrak{Cof}\,X_2 - e^{X_1+X_2} > 0 \tag{4}$$

und stellt fest, daß $\det J$ in diesem Falle immer > 0 bleibt, gleichgültig, welche Werte man für X_1 oder X_2 einsetzt. Wählt man jetzt die Parameter x_1, x_2, so ist $\det J \neq 0$ von selbst erfüllt, und man braucht nur dafür zu sorgen, daß y_1, y_2 kleine Werte sind (x_1, x_2, y_1, y_2 sind vorerst noch als Variable zu betrachten):

$$\begin{aligned} \varphi_1(x_1, x_2) &= y_1 \\ \varphi_2(x_1, x_2) &= y_2 . \end{aligned} \tag{5}$$

Jetzt bildet man die inverse Matrix J^{-1} zu J

$$J^{-1} = \frac{1}{|J|}\begin{pmatrix} 2\,\mathfrak{Cof}\,x_2 & -e^{x_2} \\ -e^{x_1} & 2\,\mathfrak{Cof}\,x_1 \end{pmatrix} = \begin{pmatrix} \check{\varphi}_{11} & \check{\varphi}_{12} \\ \check{\varphi}_{21} & \check{\varphi}_{22} \end{pmatrix} \tag{6}$$

und kann nun die Operatoren D_1 und D_2 hinschreiben:

$$\begin{aligned} D_1 &= \check{\varphi}_{11}\frac{\partial}{\partial x_1} + \check{\varphi}_{21}\frac{\partial}{\partial x_2} = \frac{1}{|J|}\left[2\,\mathfrak{Cof}\,x_2\frac{\partial}{\partial x_1} - e^{x_1}\frac{\partial}{\partial x_2}\right] \\ D_2 &= \check{\varphi}_{12}\frac{\partial}{\partial x_1} + \check{\varphi}_{22}\frac{\partial}{\partial x_2} = \frac{1}{|J|}\left[-e^{x_2}\frac{\partial}{\partial x_1} + 2\,\mathfrak{Cof}\,x_1\frac{\partial}{\partial x_2}\right]. \end{aligned} \tag{7}$$

Die Umkehrung von (2) lautet:

$$\begin{aligned} X_1 &= \sum_{\nu_1 \nu_2}^{0\ldots\infty} \frac{(Y_1 - y_1)^{\nu_1}(Y_2 - y_2)^{\nu_2}}{\nu_1!\,\nu_2!} D_1^{\nu_1} D_2^{\nu_2} x_1 \\ X_2 &= \sum_{\nu_1 \nu_2}^{0\ldots\infty} \frac{(Y_1 - y_1)^{\nu_1}(Y_2 - y_2)^{\nu_2}}{\nu_1!\,\nu_2!} D_1^{\nu_1} D_2^{\nu_2} x_2 . \end{aligned} \tag{8}$$

Berechnet man die ersten Glieder der Reihen (8), so ergibt sich

$$\begin{aligned} X_1 &= x_1 + (Y_1 - y_1)\,D_1 x_1 + (Y_2 - y_2)\,D_2 x_1 + \cdots \\ &= x_1 - y_1 D_1 x_1 - y_2 D_2 x_1 + \cdots \\ &= x_1 + \frac{1}{|J|}\left[-2 y_1\,\mathfrak{Cof}\,x_2 + y_2 e^{x_2}\right] + \cdots \\ X_2 &= x_2 + (Y_1 - y_1)\,D_1 x_2 + (Y_2 - y_2)\,D_2 x_2 + \cdots \\ &= x_2 - y_1 D_1 x_2 - y_2 D_2 x_2 + \cdots \\ &= x_2 + \frac{1}{|J|}\left[y_1 e^{x_1} - 2 y_2\,\mathfrak{Cof}\,x_1\right] + \cdots \end{aligned} \tag{9}$$

Erst jetzt, nachdem alle vorgeschriebenen Ableitungen gebildet worden sind, dürfen die Parameter x_1, x_2 als spezielle, günstig gewählte Anfangswerte aufgefaßt werden. Es ist unnötig, die Reihen (9) auszuwerten. Man iteriert einfach:

$$\begin{aligned} X_1 &= x_1 + \frac{1}{|J|}\left[-2y_1 \operatorname{Cof} x_2 + y_2 e^{x_2}\right] \\ X_2 &= x_2 + \frac{1}{|J|}\left[y_1 e^{x_1} - 2y_2 \operatorname{Cof} x_1\right]. \end{aligned} \tag{10}$$

Man wählt jetzt x_1, x_2 fest, berechnet dazu nach (5) y_1, y_2 und setzt in (10) ein und bekommt X_1, X_2; faßt man jetzt X_1, X_2 als neue, verbesserte Anfangswerte x_1, x_2 auf, so kann man wieder oben beginnen, bis man genügend genau die Nullstelle von (1) hat.
Das Verfahren ergibt in drei Iterationsschritten Werte

$$x_1 = x_2 = -0{,}3465735904.$$

Die Einsetzungsprobe ergibt 10^{-9}. Hierzu wurden bei Berechnung auf der Anlage Sie 2002 des Rechenzentrums der TH Aachen eine Rechenzeit von 1,2 sec benötigt. Diese Zeit erwies sich – verglichen mit anderen numerischen Verfahren der nichtlinearen Algebra – als durchaus günstig.

Zusammenfassung

Es wurden weitere Anwendungsmöglichkeiten der Lie-Reihen zur Behandlung von Problemen der numerischen Mathematik aufgezeigt.
Im ersten Hauptabschnitt wird zunächst ein Iterationsverfahren dargelegt, mit dessen Hilfe unter gewissen Voraussetzungen über die Geometrie der Mittelfläche aus bekannten Lösungen der Differentialgleichungen des Membranspannungszustandes einer Schale der Biegespannungszustand (mit beliebiger Genauigkeit bei genügend vielen Iterationsschritten) näherungsweise ermittelt werden kann. Auf diese Weise lassen sich sowohl die Spannungen als auch die Verschiebungen bestimmen. Die beim einzelnen Iterationsschritt auftretenden Systeme linearer partieller Differentialgleichungen werden mittels verallgemeinerter Lie-Reihen gelöst. Das Verfahren wird an Beispielen numerisch erprobt und die Ergebnisse werden in Schaubildern dargestellt.
Andersartige Untersuchungen über Anwendungen der Lie-Reihen-Methode zur numerischen Lösung von partiellen Differentialgleichungen sind von S. Filippi angestellt worden und werden demnächst an anderer Stelle veröffentlicht.
Im zweiten Hauptabschnitt wird die Tatsache, daß sich mit Hilfe von Lie-Reihen die Inversion von Funktionensystemen formal besonders einfach bewerkstelligen

läßt, zur Aufstellung numerischer Rechenvorschriften zur Auflösung von Gleichungssystemen benutzt.

Für Unterstützung bei den vorstehenden Untersuchungen danken wir Herrn Dipl.-Math. W. GLASMACHER und Herrn A. HECK.

Besonderer Dank gebührt Herrn Prof. Dr. W. GRÖBNER und Herrn Dr. W. WATZLAWEK für anregende Aussprachen mit dem zweiten der Verfasser anläßlich eines Aufenthaltes am Mathematischen Institut der Universität Innsbruck.

Die numerischen Rechnungen wurden im Rechenzentrum der RWTH Aachen auf den Anlagen Siemens 2002 und Control Data 6400 durchgeführt.

Literaturverzeichnis

[1] BERS, L., F. JOHN und M. SCHECHTER, Partial differential equations. New York–London–Sydney 1964.

[2] BEYER, K., Die Statik im Stahlbetonbau. Berlin 1948.

[3] COURANT, R., und D. HILBERT, Methoden der Mathematischen Physik. Berlin 1937.

[4] FILATOV, A. N., Generalized LIE-Series and their applications (russ.). Taschkent 1963.

[5] FILIPPI, S., Untersuchungen zur numerischen Lösung von nichtlinearen Gleichungssystemen mit Hilfe der LIE-Reihen-Methode von W. GRÖBNER. Elektronische Datenverarbeitung 9 (1967), S. 75–79.

[6] GOLDENWEISER, A. L., Die Membrantheorie der Schalen für Flächen zweiter Ordnung. Angew. Math. u. Mech., Bd. XI, H. 2, Moskau 1947, S. 285.

[7] GREEN, A. E., und W. ZERNA, Theoretical Elasticity. Oxford 1960.

[8] GRÖBNER, W., Die LIE-Reihen und ihre Anwendungen. VEB, Deutscher Verlag der Wissenschaften, Berlin 1960 (2. Aufl. Berlin 1967).

[9] GRÖBNER, W., Über die Lösung von nichtlinearen Differentialgleichungssystemen mit Randbedingungen. MTW **9** (1962), S. 148–151.

[10] GRÖBNER, W., und W. WATZLAWEK, Verallgemeinerte LIE-Reihen mit Operatoren höherer Ordnung. Monatsh. f. Math. **69** (1965), S. 136–145.

[11] HEUCK, K., Zwei Beiträge zur Schalentheorie. Dissertation, Hannover 1963.

[12] HEUCK, K., Die Grundgleichungen der technischen Schalentheorie. ZAMM **45** (1965), S. 185.

[13] KNAPP, H., Die Gröbnermethode und ihre Anwendung auf die numerische Bahnberechnung in der Himmelsmechanik. Proc. of the Symposium of Celesticel Mechanics, Oberwolfach 15. 3.–21. 3. 1964.

[14] KNAPP, H., Über eine Verallgemeinerung des Verfahrens der sukzessiven Approximation zur Lösung von Differentialgleichungssystemen. Monatsh. f. Math. **68** (1960), Heft 1.

[15] KNAPP, H., Ein Beitrag zur numerischen Behandlung gewöhnlicher Differentialgleichungen. Vorträge an der ETH Zürich 1965.

[16] KNAPP, H., Bemerkung zu Iterationsmethoden bei Differentialgleichungen. Computing, Vol. **2** (1966), S. 154–158.

[17] Meltzow, O., Über Randwertprobleme des Membranspannungszustandes von Schalen, deren Mittelflächen einer gewissen Flächenklasse angehören, und deren Lösung mittels L^2-Transformation. Dissertation, Aachen 1963.

[18] Pflüger, A., Elementare Schalenstatik. Springer-Verlag, Berlin–Göttingen–Heidelberg 1957.

[19] Reutter, F., Eine Anwendung des absoluten Parallelismus auf die Schalentheorie. ZAMM **22** (1942), H. 2, S. 87.

[20] Reutter, F., und H. Knapp, Untersuchungen über die numerische Behandlung von Anfangswertproblemen gewöhnlicher Differentialgleichungssysteme mit Hilfe von Lie-Reihen und Anwendung auf die Berechnung von Mehrkörperproblemen. Forschungsbericht des Landes NRW Nr. 1367 (1964).

[21] Reutter, F., O. Meltzow und S. Stief, Mathematische Untersuchungen zur Schalentheorie. Forschungsbericht des Landes NRW Nr. 1700 (1966).

[22] Vekua, I. N., Systeme von Differentialgleichungen vom elliptischen Typus und Randwertaufgaben mit einer Anwendung auf die Theorie der Schalen. VEB, Deutscher Verlag der Wissenschaften, Berlin 1956.

[23] Vekua, I.N., Verallgemeinerte analytische Funktionen. Akademie-Verlag, Berlin 1963.

[24] Wanner, G., Ein Beitrag zur numerischen Behandlung von Randwertaufgaben gewöhnlicher Differentialgleichungen nach der Lie-Reihen-Methode. Monatsh. f. Math. **69** (1965).

[25] Zerna, W., Mathematisch strenge Theorie elastischer Schalen. ZAMM **42** (1962), S. 185.

[26] Zerna, W., Zur neuen Entwicklung der Schalentheorie. ZAMM **41** (1961), H. 3, S. 97.

Vor kurzem ist noch erschienen:

Gröbner, W. und Knapp, H., Contributions to the method of Lie-series. Bibliographisches Institut Mannheim 1967.

MIX
Papier aus verantwortungsvollen Quellen
Paper from responsible sources
FSC® C105338

If you have any concerns about our products,
you can contact us on
ProductSafety@springernature.com

In case Publisher is established outside the EU,
the EU authorized representative is:
Springer Nature Customer Service Center GmbH
Europaplatz 3, 69115 Heidelberg, Germany

Printed by Libri Plureos GmbH
in Hamburg, Germany